程序设计基础

主　编　杨爱武　董海峰　谢钟扬
主　审　符开耀　王　雷

西北工业大学出版社

【内容简介】 本书C♯部分以Microsoft Visual Studio 2010作为操作平台,包含教程、练习、实验部分。教程部分首先熟悉开发环境,然后比较系统地介绍C♯语言基础、常用数据类型的用法、流程控制、面向对象编程基础、面向对象的高级编程,在此基础上系统介绍Windows应用程序、文件操作、C♯多线程技术。Java部分以Java语言为基础,将软件技术相关专业技能抽查的"程序设计"模块为主线,用实例重点阐述了Java中的变量、常量、数据类型和运算符;分支结构、循环结构;数组与字符串;面向对象的思想,以及Java中对面向对象思想的实现,包括类和对象、封装、继承、多态;Java处理输入输出。教程部分一般节有小综合、章有大综合。实验部分先跟着教程实例做,然后再思考与练习。

本书可作为高等职业教育软件类专业教材,也可作为C♯和Java初学者的自学用书,并可供从事信息系统开发的设计、开发人员参考。

图书在版编目(CIP)数据

程序设计基础/杨爱武,董海峰,谢钟扬主编. —西安:西北工业大学出版社,2016.8(2019.7重印)
ISBN 978－7－5612－4997－0

Ⅰ.①程… Ⅱ.①杨… ②董… ③谢… Ⅲ.①程序设计 Ⅳ.①TP311.1

中国版本图书馆CIP数据核字(2016)第187703号

出版发行:	西北工业大学出版社
通信地址:	西安市友谊西路127号　邮编:710072
电　　话:	(029)88493844　88491757
网　　址:	www.nwpup.com
印　刷　者:	兴平市博闻印务有限公司
开　　本:	787 mm×1 092 mm　1/16
印　　张:	11.75
字　　数:	281千字
版　　次:	2016年8月第1版　2019年7月第3次印刷
定　　价:	30.00元

前　言

C♯是.NET平台一种全新设计的现代编程语言，对于开发基于Windows平台的应用系统简单方便，深受大家欢迎。同时，作为ASRNET脚本语言也已经非常流行。

本书以Microsoft Visual Studio 2010作为平台，包含教程、练习、实验部分。教程部分首先熟悉开发环境，然后比较系统地介绍C♯语言基础、面向对象编程基础和面向对象编程进阶；在此基础上系统介绍Windows应用程序、GDI＋编程、文件操作、C♯多线程技术。教程部分根据需要，节有小综合，章有大综合，这样便于逐步积累、形成系统。实验部分先跟着教程实例做，然后再思考与练习，实验内容具有弹性。

本书不仅适合C♯课程教学，也非常适合需要掌握C♯语言的用户学习和开发应用系统人员参考。只要阅读本书，结合上机实验进行操作练习，就能在较短的时间内基本掌握C♯语言及其应用开发技术。

本书C♯部分由杨爱武编写并负责统稿，Java部分由董海峰编写。

在本书的编写过程中，得到了湖南软件职业学院谭长富院长、符开耀副院长、王雷教授等领导和专家们的大力支持与热心帮助，在此表示衷心感谢。

本书的出版还得到湖南软件职业学院教学质量工程项目（TD1501，ZY1402，KC1401，KC1302）、湖南省教育厅科学研究项目（14C0617，14C0618）、湖南省职业院校教育教学改革研究项目（ZJB2013045）、湖南省职业教育与成人教育学会科研规划课题（XHB2015063）、湖南省职业教育名师空间课堂建设项目（课程：《数据库原理与应用》湘教科研通〔2015〕38号文）、2014年度湖南省普通高校青年骨干教师培养对象（湘教办通〔2014〕186号文）等项目的资助，在此一并表示感谢。

由于本书的编写目的定位于C♯和Java的基础知识与案例分析相结合，试图让读者在深入了解C♯和Java编程的相关概念与关键技术的基础上，能尝试开展C♯和Java编程的一些初步编程工作，本书的内容编写与结构组织具有一定的难度，加之笔者水平有限，虽然几经修改，但书中仍然难免存在一些疏漏与不足之处，敬请读者、专家、以及同行朋友们的批评指正，在此先行表示感谢。

由于笔者水平有限，不当之处，恳请读者批评指正。

编　者

2016年04月

目 录

第一章 C♯语言基础 ··· 1

  1.1 C♯语言特点 ·· 1
  1.2 编写控制台应用程序 ·· 2
  1.3 类的基本概念 ··· 5
  1.4 C♯的数据类型 ·· 8
  1.5 运算符 ··· 16
  1.6 程序控制语句 ··· 19
  1.7 类的继承 ··· 22
  1.8 类的成员 ··· 24
  1.9 类的字段和属性 ·· 25
  1.10 类的方法 ·· 27
  1.11 类的多态性 ··· 32
  1.12 抽象类和抽象方法 ··· 34
  1.13 密封类和密封方法 ··· 36
  1.14 接口 ·· 36
  1.15 代表 ·· 38
  1.16 事件 ·· 39
  1.17 索引指示器 ··· 41
  1.18 名字空间 ·· 42
  1.19 非安全代码 ··· 43
  习题 ··· 43

第二章 文件和流 ·· 45

  2.1 用流读写文件 ··· 45
  2.2 File 类和 FileInfo 类 ·· 46
  2.3 Directory 类和 DirectoryInfo 类 ··· 48
  2.4 查找文件 ··· 50
  2.5 拆分和合并文件 ·· 52

第三章 C♯程序设计案例 ··· 54

  试题1 ·· 54
  试题2 ·· 56
  试题3 ·· 60

试题 4 ………………………………………………………………………… 63
试题 5 ………………………………………………………………………… 67
试题 6 ………………………………………………………………………… 72
试题 7 ………………………………………………………………………… 76
试题 8 ………………………………………………………………………… 79
试题 9 ………………………………………………………………………… 81
试题 10 ………………………………………………………………………… 84
试题 11 ………………………………………………………………………… 87
试题 12 ………………………………………………………………………… 90
试题 13 ………………………………………………………………………… 93
试题 14 ………………………………………………………………………… 95
试题 15 ………………………………………………………………………… 98
试题 16 ………………………………………………………………………… 101
试题 17 ………………………………………………………………………… 103
试题 18 ………………………………………………………………………… 106
试题 19 ………………………………………………………………………… 109
试题 20 ………………………………………………………………………… 111
试题 21 ………………………………………………………………………… 114
试题 22 ………………………………………………………………………… 118
试题 23 ………………………………………………………………………… 122
试题 24 ………………………………………………………………………… 125
试题 25 ………………………………………………………………………… 129

第四章 Java 程序设计案例 ………………………………………………… 132

试题 1 ………………………………………………………………………… 132
试题 2 ………………………………………………………………………… 134
试题 3 ………………………………………………………………………… 136
试题 4 ………………………………………………………………………… 138
试题 5 ………………………………………………………………………… 142
试题 6 ………………………………………………………………………… 145
试题 7 ………………………………………………………………………… 148
试题 8 ………………………………………………………………………… 150
试题 9 ………………………………………………………………………… 151
试题 10 ………………………………………………………………………… 154
试题 11 ………………………………………………………………………… 156
试题 12 ………………………………………………………………………… 157
试题 13 ………………………………………………………………………… 160
试题 14 ………………………………………………………………………… 161
试题 15 ………………………………………………………………………… 163

目 录

试题 16 164
试题 17 166
试题 18 167
试题 19 169
试题 20 171

第一章　C♯语言基础

本章介绍C♯语言的基础知识，希望具有C语言基础的读者能够基本掌握C♯语言，并以此为基础，能够进一步学习用C♯语言编写Windows应用程序和Web应用程序。当然仅靠一章的内容就完全掌握C♯语言是不可能的，如需进一步学习C♯语言，还需要认真阅读有关C♯语言的专著。

1.1　C♯语言特点

Microsoft.NET(以下简称.NET)框架是微软提出的新一代Web软件开发模型，C♯语言是.NET框架中新一代的开发工具。C♯语言是一种现代、面向对象的语言，它简化了C++语言在类、命名空间、方法重载和异常处理等方面的操作，它摒弃了C++的复杂性，更易使用，更少出错。它使用组件编程，和VB一样容易使用。C♯语法和C++和Java语法非常相似，如果读者用过C++和Java，学习C♯语言应是比较轻松的。

用C♯语言编写的源程序，必须用C♯语言编译器将C♯源程序编译为中间语言(MicroSoft Intermediate Language,MSIL)代码，形成扩展名为exe或dll文件。中间语言代码不是CPU可执行的机器码，在程序运行时，必须由通用语言运行环境(Common Language Runtime,CLR)中的即时编译器(JUST IN Time,JIT)将中间语言代码翻译为CPU可执行的机器码，由CPU执行。CLR为C♯语言中间语言代码运行提供了一种运行时环境，C♯语言的CLR和Java语言的虚拟机类似。这种执行方法使运行速度变慢，但带来其他一些好处，主要有：

(1)通用语言规范(Common Language Specification,CLS):.NET系统包括如下语言:C♯,C++,VB,J♯,他们都遵守通用语言规范。任何遵守通用语言规范的语言源程序，都可编译为相同的中间语言代码，由CLR负责执行。只要为其他操作系统编制相应的CLR，中间语言代码也可在其他系统中运行。

(2)自动内存管理:CLR内建垃圾收集器，当变量实例的生命周期结束时，垃圾收集器负责收回不被使用的实例占用的内存空间。不必象C和C++语言，用语句在堆中建立的实例，必须用语句释放实例占用的内存空间。也就是说，CLR具有自动内存管理功能。

(3)交叉语言处理:由于任何遵守通用语言规范的语言源程序，都可编译为相同的中间语言代码，不同语言设计的组件，可以互相通用，可以从其他语言定义的类派生出本语言的新类。由于中间语言代码由CLR负责执行，因此异常处理方法是一致的，这在调试一种语言调用另一种语言的子程序时，显得特别方便。

(4)增加安全:C♯语言不支持指针，一切对内存的访问都必须通过对象的引用变量来实现，只允许访问内存中允许访问的部分，这就防止病毒程序使用非法指针访问私有成员。也避免指针的误操作产生的错误。CLR 执行中间语言代码前,要对中间语言代码的安全性、完整性进行验证,防止病毒对中间语言代码的修改。

(5)版本支持:系统中的组件或动态联接库可能要升级,由于这些组件或动态联接库都要在注册表中注册,由此可能带来一系列问题,例如,安装新程序时自动安装新组件替换旧组件,有可能使某些必须使用旧组件才可以运行的程序,使用新组件运行不了。在.NET 中这些组件或动态联接库不必在注册表中注册,每个程序都可以使用自带的组件或动态联接库,只要把这些组件或动态联接库放到运行程序所在文件夹的子文件夹 bin 中,运行程序就自动使用在 bin 文件夹中的组件或动态联接库。由于不需要在注册表中注册,软件的安装也变得容易了,一般将运行程序及库文件拷贝到指定文件夹中就可以了。

(6)完全面向对象:不象 C++语言,即支持面向过程程序设计,又支持面向对象程序设计,C♯语言是完全面向对象的,在 C♯中不再存在全局函数、全区变量,所有的函数、变量和常量都必须定义在类中,避免了命名冲突。C♯语言不支持多重继承。

1.2 编写控制台应用程序

第一个程序总是非常简单的,程序首先让用户通过键盘输入自己的名字,然后程序在屏幕上打印一条欢迎信息。程序的代码是这样的:

```
using System;//导入命名空间//为 C♯语言新增解释方法,解释到本行结束
class Welcome//类定义,类的概念见下一节
{ /*解释开始,和 C 语言解释用法相同
    解释结束 */
    static voidMain()//主程序,程序入口函数,必须在一个类中定义
    { Console.WriteLine("请键入你的姓名:");//控制台输出字符串
      Console.ReadLine();//从键盘读入数据,输入回车结束
      Console.WriteLine("欢迎!");
    }
}
```

可以用任意一种文本编辑软件完成上述代码的编写,然后把文件存盘,假设文件名叫做 welcome.cs,C♯源文件是以 cs 作为文件的扩展名。和 C 语言相同,C♯语言是区分大小写的。高级语言总是依赖于许多在程序外部预定义的变量和函数。在 C 或 C++中这些定义一般放到头文件中,用♯include 语句来导入这个头文件。而在 C♯语言中使用 using 语句导入名字空间,using System 语句意义是导入 System 名字空间,C♯中的 using 语句的用途与 C++中♯include 语句的用途基本类似,用于导入预定义的变量和函数,这样在自己的程序中就可以自由地使用这些变量和函数。如果没有导入名字空间的话我们该怎么办呢?程序还能保持正确吗?答案是肯定的,那样的话我们就必须把代码改写成下面的样子:

```
class Welcome
{ static void Main()
    { System.Console.WriteLine("请键入你的姓名:");
      System.Console.ReadLine();
      System.Console.WriteLine("欢迎!");
```

}
}

也就是在每个 Console 前加上一个前缀 System.，这个小原点表示 Console 是作为 System 的成员而存在的。C#中抛弃了 C 和 C++中繁杂且极易出错的操作符象::和—>等，C#中的复合名字一律通过.来连接。System 是.Net 平台框架提供的最基本的名字空间之一，有关名字空间的详细使用方法将在以后详细介绍，这里只要学会怎样导入名字空间就足够了。

程序的第二行 class Welcome 声明了一个类，类的名字叫做 Welcome。C#程序中每个变量或函数都必须属于一个类，包括主函数 Main()，不能象 C 或 C++那样建立全局变量。C#语言程序总是从 Main()方法开始执行，一个程序中不允许出现两个或两个以上的 Main()方法。请牢记 C#中 Main()方法必须被包含在一个类中，Main 第一个字母必须大写，必须是一个静态方法，也就是 Main()方法必须使用 static 修饰。static void Main()是类 Welcome 中定义的主函数。静态方法意义见以后章节。

程序所完成的输入输出功能是通过 Console 类来完成的，Console 是在名字空间 System 中已经定义好的一个类。Console 类有两个最基本的方法 WriteLine 和 ReadLine。ReadLine 表示从输入设备输入数据，WriteLine 则用于在输出设备上输出数据。

如果在电脑上安装了 Visual Studio.Net，则可以在集成开发环境中直接选择快捷键或菜单命令编译并执行源文件。如果您不具备这个条件，那么至少需要安装 Microsoft.Net Framework SDK，这样才能够运行 C#语言程序。Microsoft.Net Framework SDK 中内置了 C#的编译器 csc.exe，下面让我们使用这个微软提供的命令行编译器对程序 welcome.cs 进行编译。假设已经将 welcome.cs 文件保存在 d:\Charp 目录下，启动命令行提示符，在屏幕上输入一行命令:d:回车,cd Charp 回车,键入命令：

C:\WINNT\Microsoft.NET\Framework\v1.0.3705\csc welcome.cs

如果一切正常 welcome.cs 文件将被编译，编译后生成可执行文件 Welcome.exe。可以在命令提示符窗口运行可执行文件 Welcome.exe，屏幕上出现一行字符提示您输入姓名:请键入你的姓名:输入任意字符并按下回车键，屏幕将打印出欢迎信息:欢迎! 如图 1-1 所示。

注意，与我们使用过的绝大多数编译器不同，在 C#中编译器只执行编译这个过程，而在 C 和 C++中要经过编译和链接两个阶段。换而言之 C#源文件并不被编译为目标文件.obj，而是直接生成可执行文件.exe 或动态链接库.dll，C#编译器中不需要包含链接器。

图 1-1

使用 Visual Studio2010 建立控制台程序的步骤：

（1）运行 Visual Studio2010 程序，出现如图 1-2 所示界面。

（2）单击新建项目按钮，出现如图 1-3 所示对话框。在项目类型(P)编辑框中选择 Visual C#项目，在模板(T)编辑框中选择控制台应用程序，在名称(N)编辑框中键入 e1，在位置(L)编辑框中键入 D:\csarp，必须预先创建文件夹 D:\csarp。也可以单击浏览按钮，在打开文件对话框中选择文件夹。单击确定按钮，创建项目。出现如图 1-3 所示界面。编写一个应用程序，可能包含多个文件，才能生成可执行文件，所有这些文件的集合叫做一个项目。

图 1-2

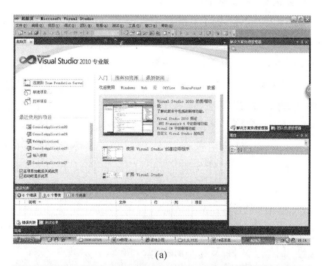

(a)

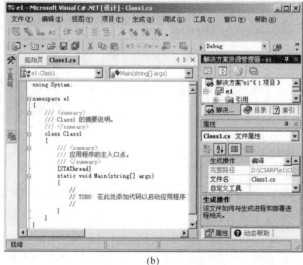

(b)

图 1-3

(3)修改 class1.cs 文件如下,有阴影部分是新增加的语句,其余是集成环境自动生成的。

```
using System;
namespace e1
{
    /// <summary>
    /// Class1 的摘要说明
    /// </summary>
    class Class1
    {
        /// <summary>
        /// 应用程序的主入口点
        /// </summary>
        [STAThread]
        static void Main(string[] args)
        {
            //
            // TODO：在此处添加代码以启动应用程序
            //
            Console.WriteLine("请键入你的姓名：");
            Console.ReadLine();
            Console.WriteLine("欢迎！");
        }
    }
}
```

按 Ctrl+F5 键,运行程序,如图 1-1 所示,屏幕上出现一行字符,提示您输入姓名:请键入你的姓名:输入任意字符并按下回车键,屏幕将打印出欢迎信息:欢迎！输入回车退出程序。

1.3 类的基本概念

C#语言是一种现代的、面向对象的语言。面向对象程序设计方法提出了一个全新的概念:类,它的主要思想是将数据(数据成员)及处理这些数据的相应方法(函数成员)封装到类中,类的实例则称为对象。这就是我们常说的封装性。

1.3.1 什么是类

类可以认为是对结构的扩充,它和 C 中的结构最大的不同是:类中不但可以包括数据,还包括处理这些数据的函数。类是对数据和处理数据的方法(函数)的封装。类是对某一类具有相同特性和行为的事物的描述。例如,定义一个描述个人情况的类 Person 如下:

```
using System;
classPerson//类的定义,class 是保留字,表示定义一个类,Person 是类名
{   private string name="张三";//类的数据成员声明
    private int age=12;//private 表示私有数据成员
```

```
    public void Display()//类的方法(函数)声明,显示姓名和年龄
    {  Console.WriteLine("姓名:{0},年龄:{1}",name,age);
    }
    publicvoid SetName(string PersonName)//修改姓名的方法(函数)
    {  name=PersonName;
    }
    publicvoid SetAge(int PersonAge)
    {  age=PersonAge;
    }
}
```

Console.WriteLine("姓名:{0},年龄:{1}",name,age)的意义是将第二个参数变量 name 变为字符串填到{0}位置,将第三个参数变量 age 变为字符串填到{1}位置,将第一个参数表示的字符串在显示器上输出。

大家注意,这里我们实际定义了一个新的数据类型,为用户自己定义的数据类型,是对个人的特性和行为的描述,它的类型名为 Person,和 int,char 等一样为一种数据类型。用定义新数据类型 Person 类的方法把数据和处理数据的函数封装起来。类的声明格式如下:

属性 类修饰符 class 类名{类体}

其中,关键字 class、类名和类体是必须的,其他项是可选项。类修饰符包括 new,public,protected,internal,private,abstract 和 sealed,这些类修饰符以后介绍。类体用于定义类的成员。

1.3.2 类成员的存取控制

一般希望类中一些数据不被随意修改,只能按指定方法修改,即隐蔽一些数据。同样一些函数也不希望被其他类程序调用,只能在类内部使用。如何解决这个问题呢?可用访问权限控制字,常用的访问权限控制字如下:private(私有),public(公有)。在数据成员或函数成员前增加访问权限控制字,可以指定该数据成员或函数成员的访问权限。

私有数据成员只能被类内部的函数使用和修改,私有函数成员只能被类内部的其他函数调用。类的公有函数成员可以被类的外部程序调用,类的公有数据成员可以被类的外部程序直接使用修改。公有函数实际是一个类和外部通讯的接口,外部函数通过调用公有函数,按照预先设定好的方法修改类的私有成员。对于上述例子,name 和 age 是私有数据成员,只能通过公有函数 SetName()和 SetAge()修改,即它们只能按指定方法修改。

这里再一次解释一下封装,它有两个意义,第一是把数据和处理数据的方法同时定义在类中。第二是用访问权限控制字使数据隐蔽。

1.3.3 类的对象

Person 类仅是一个用户新定义的数据类型,由它可以生成 Person 类的实例,C♯语言叫对象。用如下方法声明类的对象:Person OnePerson= new Person();此语句的意义是建立 Person 类对象,返回对象地址赋值给 Person 类变量 OnePerson。也可以分两步创建 Person 类的对象:Person OnePerson;OnePerson= new Person();OnePerson 虽然存储的是 Person 类对象地址,但不是 C 中的指针,不能象指针那样可以进行加减运算,也不能转换为其他类型

地址,它是引用型变量,只能引用(代表)Person 对象,具体意义参见以后章节。和 C,C++不同,C#只能用此种方法生成类对象。

在程序中,可以用 OnePerson.方法名或 OnePerson.数据成员名访问对象的成员。例如:OnePerson.Display(),公用数据成员也可以这样访问。注意,C#语言中不包括 C++语言中的->符号。

1.3.4 类的构造函数和析构函数

在建立类的对象时,需做一些初始化工作,例如对数据成员初始化。这些可以用构造函数来完成。每当用 new 生成类的对象时,自动调用类的构造函数。因此,可以把初始化的工作放到构造函数中完成。构造函数和类名相同,没有返回值。例如可以定义 Person 类的构造函数如下:

```
publicPerson(string Name,int Age)//类的构造函数,函数名和类同名,无返回值
{   name=Name;
    age=Age;
}
```

当用 Person OnePerson=new Person("张五",20)语句生成 Person 类对象时,将自动调用以上构造函数。请注意如何把参数传递给构造函数。

变量和类的对象都有生命周期,生命周期结束,这些变量和对象就要被撤销。类的对象被撤销时,将自动调用析构函数。一些善后工作可放在析构函数中完成。析构函数的名字为~类名,无返回类型,也无参数。Person 类的析构函数为~ Person()。C#中类析构函数不能显示地被调用,它是被垃圾收集器撤销不被使用的对象时自动调用的。

1.3.5 类的构造函数的重载

在 C#语言中,同一个类中的函数,如果函数名相同,而参数类型或个数不同,认为是不同的函数,这叫函数重载。仅返回值不同,不能看作不同的函数。这样,可以在类定义中,定义多个构造函数,名字相同,参数类型或个数不同。根据生成类的对象方法不同,调用不同的构造函数。例如可以定义 Person 类没有参数的构造函数如下:

```
publicPerson()//类的构造函数,函数名和类同名,无返回值。
{   name="张三";
    age=12;
}
```

用语句 Person One Person=new Person("李四",30)生成对象时,将调用有参数的构造函数,而用语句 Person OnePerson=new Person()生成对象时,调用无参数的构造函数。由于析构函数无参数,因此,析构函数不能重载。

1.3.6 使用 Person 类的完整的例子

下边用一个完整的例子说明 Person 类的使用:(VisualStudio.Net 编译通过)

```
using System;
namespace e1//定义以下代码所属命名空间,意义见以后章节
{   class Person
```

```
    {    private String name="张三";//类的数据成员声明
         private int age=12;
         public void Display()//类的方法(函数)声明,显示姓名和年龄
         {   Console.WriteLine("姓名:{0},年龄:{1}",name,age);
         }
         public void SetName(string PersonName)//指定修改姓名的方法(函数)
         {   name=PersonName;
         }
         public void SetAge(int PersonAge)//指定修改年龄的方法(函数)
         {   age=PersonAge;
         }
         public Person(string Name,int Age)//构造函数,函数名和类同名,无返回值
         {   name=Name;
             age=Age;
         }
         publicPerson()//类的构造函数重载
         {   name="田七";
             age=12;
         }
    }
    class Class1
    {    static void Main(string[] args)
         {   Person OnePerson=new Person("李四",30);//生成类的对象
             OnePerson.Display();
//下句错误,在其他类(Class1类)中,不能直接修改Person类中的私有成员
             //OnePerson.name="王五";
//只能通过Person类中公有方法 SetName 修改 Person类中的私有成员 name
             OnePerson.SetName("王五");
             OnePerson.SetAge(40);
             OnePerson.Display();
             OnePerson=new Person();
             OnePerson.Display();
         }
    }
}
```

按Ctrl+F5键运行后,显示的效果是:

姓名:李四,年龄:30

姓名:王五,年龄:40

姓名:田七,年龄:12

1.4 C#的数据类型

从大的方面来分,C#语言的数据类型可以分为值类型、引用类型、指针类型3种。指针

类型仅用于非安全代码中。本节重点讨论值类型和引用类型。

1.4.1 值类型和引用类型区别

在 C♯语言中,值类型变量存储的是数据类型所代表的实际数据,值类型变量的值(或实例)存储在栈(Stack)中,赋值语句是传递变量的值。引用类型(例如类就是引用类型)的实例,也叫对象,不存在栈中,而存储在可管理堆(Managed Heap)中,堆实际上是计算机系统中的空闲内存。引用类型变量的值存储在栈(Stack)中,但存储的不是引用类型对象,而是存储引用类型对象的引用,即地址,和指针所代表的地址不同,引用所代表的地址不能被修改,也不能转换为其他类型地址,它是引用型变量,只能引用指定类对象,引用类型变量赋值语句是传递对象的地址。如:

```
using System;
class MyClass//类为引用类型
{   public int a=0;
}
class Test
{   static void Main()
    {   f1();
    }
    static public void f1()
    {   int v1=1;//值类型变量 v1,其值 1 存储在栈(Stack)中
        int v2=v1;//将 v1 的值(为 1)传递给 v2,v2=1,v1 值不变
        v2=2;//v2=2,v1 值不变。
        MyClass r1=new MyClass();//引用变量 r1 存储 MyClass 类对象的地址
        MyClass r2=r1;//r1 和 r2 都代表是同一个 MyClass 类对象
        r2.a=2;//和语句 r1.a=2 等价
    }
}
```

存储在栈中的变量,当其生命周期结束,自动被撤销,例如,v1 存储在栈中,v1 和函数 f1 同生命周期,退出函数 f1,v1 不存在了。但在堆中的对象不能自动被撤销。因此 C 和 C++ 语言,在堆中建立的对象,不使用时必须用语句释放对象占用的存储空间。.NET 系统 CLR 内建垃圾收集器,当对象的引用变量被撤销,表示对象的生命周期结束,垃圾收集器负责收回不被使用的对象占用的存储空间。例如,上例中引用变量 r1 及 r2 是 MyClass 类对象的引用,存储在栈中,退出函数 f1,r1 和 r2 都不存在了,在堆中的 MyClass 类对象也就被垃圾收集器撤销。也就是说,CLR 具有自动内存管理功能。

1.4.2 值类型变量分类

C♯语言值类型可以分为以下几种。

(1)简单类型(Simple types)。简单类型中包括:数值类型和布尔类型(bool)。数值类型又细分为:整数类型、字符类型(char)、浮点数类型和十进制类型(decimal)。

(2)结构类型(Struct types)。

(3)枚举类型(Enumeration types)。C♯语言值类型变量无论如何定义,总是值类型变量,不会变为引用类型变量。

1.4.3 结构类型

结构类型和类一样,可以声明构造函数、数据成员、方法、属性等。结构和类的最根本的区别是结构是值类型,类是引用类型。和类不同,结构不能从另外一个结构或者类派生,本身也不能被继承,因此不能定义抽象结构,结构成员也不能被访问权限控制字 protected 修饰,也不能用 virtual 和 abstract 修饰结构方法。在结构中不能定义析构函数。虽然结构不能从类和结构派生,可是结构能够继承接口,结构继承接口的方法和类继承接口的方法基本一致。下面例子定义一个点结构 point:

```
using System;
struct point//结构定义
{   public int x,y;//结构中也可以声明构造函数和方法,变量不能赋初值
}
class Test
{   static void Main()
    {   point P1;
        P1.x=166;
        P1.y=111;
        point P2;
        P2=P1;//值传递,使 P2.x=166,P2.y=111
        point P3=new point();//用 new 生成结构变量 P3,P3 仍为值类型变量
    }//用 new 生成结构变量 P3 仅表示调用默认构造函数,使 x=y==0
}
```

1.4.4 简单类型

简单类型也是结构类型,因此有构造函数、数据成员、方法、属性等,因此下列语句 int i=int.MaxValue;string s=i.ToString()是正确的。即使一个常量,C♯也会生成结构类型的实例,因此也可以使用结构类型的方法,例如:string s=13.ToString()是正确的。简单类型包括:整数类型、字符类型、布尔类型、浮点数类型、十进制类型。见表 1-1。

表 1-1

保留字	System 命名空间中的名字	字节数	取值范围
sbyte	System.Sbyte	1	-128~127
byte	System.Byte	1	0~255
short	System.Int16	2	-32768~32767
ushort	System.UInt16	2	0~65535
int	System.Int32	4	-2147483648~2147483647
uint	System.UInt32	4	0~4292967295

续表

保留字	System 命名空间中的名字	字节数	取值范围
long	System.Int64	8	$-9223372036854775808 \sim 9223372036854775808$
ulong	System.UInt64	8	$0 \sim 18446744073709551615$
char	System.Char	2	$0 \sim 65535$
float	System.Single	4	$3.4E-38 \sim 3.4E+38$
double	System.Double	8	$1.7E-308 \sim 1.7E+308$
bool	System.Boolean		(true,false)
decimal	System.Decimal	16	正负 1.0×10^{-28} 到 7.9×10^{28} 之间

C♯简单类型使用方法和 C,C++中相应的数据类型基本一致。需要注意的是：

(1)和 C 语言不同,无论在何种系统中,C♯每种数据类型所占字节数是一定的。

(2)字符类型采用 Unicode 字符集,一个 Unicode 标准字符长度为 16 位。

(3)整数类型不能隐式被转换为字符类型(char),例如 char c1=10 是错误的,必须写成：char c1=(char)10,char c='A',char c='\x0032';char c='\u0032'。

(4)布尔类型有两个值：false,true。不能认为整数 0 是 false,其他值是 true。bool x=1 是错误的,不存在这种写法,只能写成 x=true 或 x=false。

(5)十进制类型(decimal)也是浮点数类型,只是精度比较高,一般用于财政金融计算。

1.4.5 枚举类型

C♯枚举类型使用方法和 C,C++中的枚举类型基本一致。如：

```
using System;
class Class1
{   enum Days {Sat=1, Sun, Mon, Tue, Wed, Thu, Fri};
    //使用 Visual Studio.Net,enum 语句添加在[STAThread]前边
    static void Main(string[] args)
    {   Days day=Days.Tue;
        int x=(int)Days.Tue;//x=2
        Console.WriteLine("day={0},x={1}",day,x);//显示结果为：day=Tue,x=4
    }
}
```

在此枚举类型 Days 中,每个元素的默认类型为 int,其中 Sun=0,Mon=1,Tue=2,依此类推。也可以直接给枚举元素赋值。例如：

enum Days{Sat=1,Sun,Mon,Tue,Wed,Thu,Fri,Sat};

在此枚举中,Sun=1,Mon=2,Tue=3,Wed=4,等等。和 C,C++中不同,C♯枚举元素类型可以是 byte,sbyte,short,ushort,int,uint,long 和 ulong 类型,但不能是 char 类型。如：

enum Days：byte{Sun,Mon,Tue,Wed,Thu,Fri,Sat};//元素为字节类型

1.4.6 值类型的初值和默认构造函数

所有变量都要求必须有初值,如没有赋值,采用默认值。对于简单类型,sbyte,byte,short,ushort,int,uint,long 和 ulong 默认值为 0,char 类型默认值是(char)0,float 为 0.0f,double 为 0.0d,decimal 为 0.0m,bool 为 false,枚举类型为 0,在结构类型和类中,数据成员的数值类型变量设置为默认值,引用类型变量设置为 null。

可以显示的赋值,例如 int i=0。而对于复杂结构类型,其中的每个数据成员都按此种方法赋值,显得过于麻烦。由于数值类型都是结构类型,可用 new 语句调用其构造函数初始化数值类型变量,例如:int j=new int()。请注意,用 new 语句并不是把 int 变量变为引用变量,j 仍是值类型变量,这里 new 仅仅是调用其构造函数。所有的数值类型都有默认的无参数的构造函数,其功能就是为该数值类型赋初值为默认值。对于自定义结构类型,由于已有默认的无参数的构造函数,不能再定义无参数的构造函数,但可以定义有参数的构造函数。

1.4.7 引用类型分类

C♯语言中引用类型可以分为以下几种。

(1)类:C♯语言中预定义了一些类:对象类(object 类)、数组类、字符串类等。当然,程序员可以定义其他类。

(2)接口。

(3)代表。

C♯语言引用类型变量无论如何定义,总是引用类型变量,不会变为值类型变量。C♯语言引用类型对象一般用运算符 new 建立,用引用类型变量引用该对象。本节仅介绍对象类型(object 类型)、字符串类型、数组。其他类型在其他节中介绍。

1.4.8 对象类(object 类)

C♯中的所有类型(包括数值类型)都直接或间接地以 object 类为基类。对象类(object 类)是所有其他类的基类。任何一个类定义,如果不指定基类,默认 object 为基类。继承和基类的概念见以后章节。C♯语言规定,基类的引用变量可以引用派生类的对象(注意,派生类的引用变量不可以引用基类的对象),因此,对一个 object 的变量可以赋予任何类型的值:

int x = 25;
object obj1;
obj1 = x;
object obj2 = 'A';

object 关键字是在命名空间 System 中定义的,是类 System.Object 的别名。

1.4.9 数组类

在进行批量处理数据的时候,要用到数组。数组是一组类型相同的有序数据。数组按照数组名、数据元素的类型和维数来进行描述。C♯语言中数组是类 System.Array 类对象,比如声明一个整型数数组:int[] arr=new int[5];实际上生成了一个数组类对象,arr 是这个对象的引用(地址)。

在 C# 中数组可以是一维的也可以是多维的，同样也支持数组的数组，即数组的元素还是数组。一维数组最为普遍，用的也最多。我们先看一个一维数组的例子：

```
using System；
class Test
{ static void Main()
    { int[] arr=new int[3];//用 new 运算符建立一个 3 个元素的一维数组
      for(int i=0;i<arr.Length;i++)//arr.Length 是数组类变量，表示数组元素个数
         arr[i]=i*i;//数组元素赋初值,arr[i]表示第 i 个元素的值
      for (int i=0;i<arr.Length;i++)//数组第一个元素的下标为 0
         Console.WriteLine("arr[{0}]={1}",i,arr[i]);
    }
}
```

这个程序创建了一个 int 类型 3 个元素的一维数组，初始化后逐项输出。其中 arr.Length 表示数组元素的个数。注意数组定义不能写为 C 语言格式：int arr[]。程序的输出为：

arr[0] = 0

arr[1] = 1

arr[2] = 4

上面的例子中使用的是一维数组，下面介绍多维数组：

string[] a1;//一维 string 数组类引用变量 a1

string[,] a2;//二维 string 数组类引用变量 a2

a2=new string[2,3];

a2[1,2]="abc";

string[,,] a3;//三维 string 数组类引用变量 a3

string[][] j2;//数组的数组，即数组的元素还是数组

string[][][][] j3；

在数组声明的时候，可以对数组元素进行赋值。看下面的例子：

int[] a1=new int[]{1,2,3};//一维数组，有 3 个元素。

int[] a2=new int[3]{1,2,3};//此格式也正确

int[] a3={1,2,3};//相当于 int[] a3=new int[]{1,2,3};

int[,] a4=new int[,]{{1,2,3},{4,5,6}};//二维数组,a4[1,1]=5

int[][] j2=new int[3][];//定义数组 j2,有三个元素，每个元素都是一个数组

j2[0]=new int[]{1,2,3};//定义第一个元素，是一个数组

j2[1]=new int[]{1, 2, 3, 4, 5, 6};//每个元素的数组可以不等长

j2[2]=new int[]{1, 2, 3, 4, 5, 6, 7, 8, 9};

1.4.10 字符串类(string 类)

C# 还定义了一个基本的类 string，专门用于对字符串的操作。这个类也是在名字空间 System 中定义的，是类 System.String 的别名。字符串应用非常广泛，在 string 类的定义中封装了许多方法，下面的一些语句展示了 string 类的一些典型用法。

(1)字符串定义：

```
string s;//定义一个字符串引用类型变量 s
s="Zhang";//字符串引用类型变量 s 指向字符串"Zhang"
string   FirstName="Ming";
string   LastName="Zhang";
string   Name=FirstName+" "+LastName;//运算符+已被重载
string   SameName=Name;
char[] s2={'计','算','机','科','学'};
string s3=new String(s2);
```

(2)字符串搜索：

```
string s="ABC 科学";
inti=s.IndexOf("科");
```

搜索"科"在字符串中的位置，因第一个字符索引为 0，所以"A"索引为 0，"科"索引为 3，因此这里 i=3，如没有此字符串 i=-1。注意 C#中，ASCII 和汉字都用 2 字节表示。

(3)字符串比较函数：

```
string s1="abc";
string s2="abc";
int n=string.Compare(s1,s2);//n=0
```

n=0 表示两个字符串相同，n 小于零，s1<s2，n 大于零，s1>s2。此方法区分大小写。也可用如下办法比较字符串：

```
string s1="abc";
string s="abc";
string s2="不相同";
if(s==s1)//还可用!=。虽然 String 是引用类型，但这里比较两个字符串的值
    s2="相同";
```

(4)判断是否为空字符串：

```
string s="";
string s1="不空";
if(s.Length==0)
    s1="空";
```

(5)得到子字符串或字符：

```
string s="取子字符串";
string sb=s.Substring(2,2);//从索引为 2 开始取 2 个字符,Sb="字符",s 内容不变
char sb1=s[0];//sb1='取'
Console.WriteLine(sb1);//显示:取
```

(6)字符串删除函数：

```
string s="取子字符串";
string sb=s.Remove(0,2);//从索引为 0 开始删除 2 个字符,Sb="字符串",s 内容不变
```

(7)插入字符串：

```
strings="计算机科学";
string s1=s.Insert(3,"软件");//s1="计算机软件科学",s 内容不变
```

(8)字符串替换函数：

```
string s="计算机科学";
```

string s1=s.Replace("计算机","软件");//s1="软件科学",s 内容不变

（9）把 String 转换为字符数组：

string S="计算机科学";

char[] s2=S.ToCharArray(0,S.Length);//属性 Length 为字符类对象的长度

（10）其他数据类型转换为字符串：

int i=9;

string s8=i.ToString();//s8="9"

float n=1.9f;

string s9=n.ToString();//s8="1.9"

其他数据类型都可用此方法转换为字符类对象。

（11）大小写转换：

string s="AaBbCc";

string s1=s.ToLower();//把字符转换为小写,s 内容不变

string s2=s.ToUpper();//把字符转换为大写,s 内容不变

（12）删除所有的空格：

string s=" A　bc ";

s.Trim();//删除所有的空格

string 类其他方法的使用请用帮助系统查看,方法是打开 Visual Studio.Net 的代码编辑器,键入 string,将光标移到键入的字符串 string 上,然后按 F1 键。

1.4.11 类型转换

在编写 C#语言程序中,经常会碰到类型转换问题。例如整型数和浮点数相加,C#会进行隐式转换。详细记住那些类型数据可以转换为其他类型数据,是不可能的,也是不必要的。程序员应记住类型转换的一些基本原则,编译器在转换发生问题时,会给出提示。C#语言中类型转换分为:隐式转换、显示转换、加框(boxing)和消框(unboxing)等 3 种。

1. 隐式转换

隐式转换就是系统默认的,不需要加以声明就可以进行的转换。例如从 int 类型转换到 long 类型就是一种隐式转换。在隐式转换过程中,转换一般不会失败,转换过程中也不会导致信息丢失。例如：

int i=10;

long l=i;

2. 显示转换

显式类型转换,又叫强制类型转换。与隐式转换正好相反,显示转换需要明确地指定转换类型,显示转换可能导致信息丢失。下面的例子把长整形变量显式转换为整型：

long l=5000;

int i=(int)l;//如果超过 int 取值范围,将产生异常

3. 加框(boxing)和消框(unboxing)

加框(boxing)和消框(unboxing)是 C#语言类型系统提出的核心概念,加框是值类型转换为 object(对象)类型,消框是 object(对象)类型转换为值类型。有了加框和消框的概念,对任何类型的变量来说最终我们都可以看作是 object 类型。

(1)加框操作。把一个值类型变量加框也就是创建一个 object 对象,并将这个值类型变量的值复制给这个 object 对象。例如:

int i=10;

object obj=i;//隐式加框操作,obj 为创建的 object 对象的引用

我们也可以用显式的方法来进行加框操作,例如:

int i =10;

object obj=object(i);//显式加框操作

值类型的值加框后,值类型变量的值不变,仅将这个值类型变量的值复制给这个 object 对象。我们看一下下面的程序:

```
using System
class Test
{   public static void Main()
    {   int n=200;
        object o=n;
        o=201;//不能改变 n
        Console.WriteLine("{0},{1}",n,o);
    }
}
```

输出结果为:200,201。这就证明了值类型变量 n 和 object 类对象 o 都独立存在着。

(2)消框操作。和加框操作正好相反,消框操作是指将一个对象类型显式地转换成一个值类型。消框的过程分为两步:首先检查这个 object 对象,看它是否为给定的值类型的加框值,如是,把这个对象的值拷贝给值类型的变量。我们举个例子来看看一个对象消框的过程:

int i=10;

object obj=i;

int j=(int)obj;//消框操作

可以看出消框过程正好是加框过程的逆过程,必须注意加框操作和消框操作必须遵循类型兼容的原则。

(3)加框和消框的使用。定义如下函数:

```
void Display(Object o)//注意,o 为 Object 类型
{   int x=(int)o;//消框
    System.Console.WriteLine("{0},{1}",x,o);
}
```

调用此函数:int y=20;Display(y);在此利用了加框概念,虚参被实参替换:Object o=y,也就是说,函数的参数是 Object 类型,可以将任意类型实参传递给函数。

1.5 运算符

C#语言和 C 语言的运算符用法基本一致。以下重点讲解二者之间不一致部分。

1.5.1 运算符分类

与 C 语言一样,如果按照运算符所作用的操作数个数来分,C#语言的运算符可以分为以

下几种类型:
(1)一元运算符:一元运算符作用于一个操作数,例如:-X,++X,X--等。
(2)二元运算符:二元运算符对两个操作数进行运算,例如:x+y。
(3)三元运算符:三元运算符只有一个:x? y:z。

C♯语言运算符的详细分类及操作符从高到低的优先级顺序见表1-2。

表 1-2

类 别	操作符
初级操作符	(x) x.y f(x) a[x] x++ x-- new type of sizeof checked unchecked
一元操作符	+ - ! ~ ++x - x (T)x
乘除操作符	* / %
加减操作符	+ -
移位操作符	<< >>
关系操作符	< > <= >= is as
等式操作符	== !=
逻辑与操作符	&
逻辑异或操作符	^
逻辑或操作符	|
条件与操作符	&&
条件或操作符	||
条件操作符	?:
赋值操作符	= *= /= %= += -= <<= >>= &= ^= |=

1.5.2 测试运算符 is

is 操作符用于动态地检查表达式是否为指定类型。使用格式为:e is T,其中 e 是一个表达式,T 是一个类型,该式判断 e 是否为 T 类型,返回值是一个布尔值。如:

```
using System;
class Test
{ public static void Main()
    { Console.WriteLine(1 is int);
      Console.WriteLine(1 is float);
      Console.WriteLine(1.0f is float);
      Console.WriteLine(1.0d is double);
    }
}
```

输出为:
True

False
True
True

1.5.3 typeof 运算符

typeof 操作符用于获得指定类型在 system 名字空间中定义的类型名字,例如:

```
using System;
class Test
{ static void Main()
    { Console.WriteLine(typeof(int));
      Console.WriteLine(typeof(System.Int32));
      Console.WriteLine(typeof(string));
      Console.WriteLine(typeof(double[]));
    }
}
```

产生如下输出,由输出可知 int 和 System.int32 是同一类型。

System.Int32
System.Int32
System.String
System.Double[]

1.5.4 溢出检查操作符 checked 和 unchecked

在进行整型算术运算(如+,-,*,/等)或从一种整型显式转换到另一种整型时,有可能出现运算结果超出这个结果所属类型值域的情况,这种情况称之为溢出。整型算术运算表达式可以用 checked 或 unchecked 溢出检查操作符,决定在编译和运行时是否对表达式溢出进行检查。如果表达式不使用溢出检查操作符或使用了 checked 操作符,常量表达式溢出,在编译时将产生错误,表达式中包含变量,程序运行时执行该表达式产生溢出,将产生异常提示信息。而使用了 unchecked 操作符的表达式语句,即使表达式产生溢出,编译和运行时都不会产生错误提示。但这往往会出现一些不可预期的结果,所以使用 unchecked 操作符要小心。下面的例子说明了 checked 和 unchecked 操作符的用法:

```
using System;
class Class1
{ static void Main(string[] args)
    { const int x=int.MaxValue;
      unchecked//不检查溢出
        { int z=x*2;//编译时不产生编译错误,z=-2
          Console.WriteLine("z={0}",z);//显示-2
        }
      checked//检查溢出
        { int z1=(x*2);//编译时会产生编译错误
          Console.WriteLine("z={0}",z1);
```

            }
        }
}

1.5.5 new 运算符

new 操作符可以创建值类型变量、引用类型对象,同时自动调用构造函数。例如:
int x=new int();//用 new 创建整型变量 x,调用默认构造函数
Person C1=new Person ();//用 new 建立的 Person 类对象。Person 变量 C1 对象的引用
int[] arr=new int[2];//数组也是类,创建数组类对象,arr 是数组对象的引用

需注意的是,intx=new int()语句将自动调用 int 结构不带参数的构造函数,给 x 赋初值 0,x 仍是值类型变量,不会变为引用类型变量。

1.5.6 运算符的优先级

当一个表达式包含多种操作符时,操作符的优先级控制着操作符求值的顺序。例如,表达式 x+y*z 按照 x+(y*z)顺序求值,因为 * 操作符比 + 操作符有更高的优先级。这和数学运算中的先乘除后加减是一致的。1.5.1 节中的表 1-2 总结了所有操作符从高到低的优先级顺序。

当两个有相同优先级的操作符对操作数进行运算时,例如 x+y-z,操作符按照出现的顺序由左至右执行,x+y-z 按(x+y)-z 进行求值。赋值操作符按照右接合的原则,即操作按照从右向左的顺序执行。如 x=y=z 按照 x=(y=z)进行求值。建议在写表达式的时候,如果无法确定操作符的实际顺序,则尽量采用括号来保证运算的顺序,这样也使得程序一目了然,而且自己在编程时能够思路清晰。

1.6 程序控制语句

C#语言控制语句和 C 基本相同,使用方法基本一致。C#语言控制语句包括:if 语句、swith 语句、while 语句、do…while 语句、for 语句、foreach 语句、break 语句、continue 语句、goto 语句、return 语句、异常处理语句等,其中 foreach 语句和异常语句是 C#语言新增加控制语句。本节首先介绍一下这些语句和 C 语言的不同点,然后介绍 C#语言新增的控制语句。

1.6.1 与 C 语言的不同点

(1)与 C 不同,if 语句、while 语句、do…while 语句、for 语句中的判断语句,一定要用布尔表达式,不能认为 0 为 false,其他数为 true。

(2)switch 语句不再支持遍历,C 和 C++语言允许 switch 语句中 case 标签后不出现 break 语句,但 C#不允许这样,它要求每个 case 标签项后使用 break 语句或 goto 跳转语句,即不允许从一个 case 自动遍历到其他 case,否则编译时将报错。switch 语句的控制类型,即其中控制表达式的数据类型可以是 sbyte,byte,short,ushort,uint,long,ulong,char,string 或枚举类型。每个 case 标签中的常量表达式必须属于或能隐式转换成控制类型。如果有两个或两个以上 case 标签中的常量表达式值相同,编译时将会报错。执行 switch 语句,首先计算

switch 表达式,然后与 case 后的常量表达式的值进行比较,执行第一个与之匹配的 case 分支下的语句。如果没 case 常量表达式的值与之匹配,则执行 dafault 分支下的语句,如果没有 dafault 语句,则退出 switch 语句。switch 语句中可以没有 dafault 语句,但最多只能有一个 dafault 语句。如:

```
using System;
classclass1
{   static void Main()
    {   System.Console.WriteLine("请输入要计算天数的月份");
        string s=System.Console.ReadLine();
        string s1="";
        switch(s)
        {   case "1": case "3": case "5":
            case "7": case "8": case "10":
            case "12"://共用一条语句
                s1="31";break;
            case "2":
                s1="28";break;
            case"4": case "6": case "9":
                goto case "11";//goto 语句仅为说明问题,无此必要
            case "11":
                s1="30";break;
            default:
                s1="输入错误";break;
        }
        System.Console.WriteLine(s1);
    }
}
```

1.6.2 foreach 语句

foreach 语句是 C# 语言新引入的语句,C 和 C++中没有这个语句,它借用 Visual Basic 中的 foreach 语句。语句的格式为:

foreach(类型 变量名 in 表达式) 循环语句

其中表达式必须是一个数组或其他集合类型,每一次循环从数组或其他集合中逐一取出数据,赋值给指定类型的变量,该变量可以在循环语句中使用、处理,但不允许修改变量,该变量的指定类型必须和表达式所代表的数组或其他集合中的数据类型一致。如:

```
using System;
class Test()
{   public static void Main()
    {   int[] list={10,20,30,40};//数组
        foreach(int m in list)
            Console.WriteLine("{0}",m);
    }
```

}

对于一维数组,foreach 语句循环顺序是从下标为 0 的元素开始一直到数组的最后一个元素。对于多维数组,元素下标的递增是从最右边那一维开始的。同样 break 和 continue 可以出现在 foreach 语句中,功能不变。

1.6.3 异常语句

在编写程序时,不仅要关心程序的正常操作,还应该考虑到程序运行时可能发生的各类不可预期的事件,比如用户输入错误、内存不够、磁盘出错、网络资源不可用、数据库无法使用等,所有这些错误被称作异常,不能因为这些异常使程序运行产生问题。各种程序设计语言经常采用异常处理语句来解决这类异常问题。

C#提供了一种处理系统级错误和应用程序级错误的结构化的、统一的、类型安全的方法。C#异常语句包含 try 子句、catch 子句和 finally 子句。try 子句中包含可能产生异常的语句,该子句自动捕捉执行这些语句过程中发生的异常。catch 子句中包含了对不同异常的处理代码,可以包含多个 catch 子句,每个 catch 子句中包含了一个异常类型,这个异常类型必须是 System.Exception 类或它的派生类引用变量,该语句只扑捉该类型的异常。可以有一个通用异常类型的 catch 子句,该 catch 子句一般在事先不能确定会发生什么样的异常的情况下使用,也就是可以扑捉任意类型的异常。一个异常语句中只能有一个通用异常类型的 catch 子句,而且如果有的话,该 catch 子句必须排在其他 catch 子句的后面。无论是否产生异常,子句 finally 一定被执行,在 finally 子句中可以增加一些必须执行的语句。

异常语句捕捉和处理异常的机理是:当 try 子句中的代码产生异常时,按照 catch 子句的顺序查找异常类型。如果找到,执行该 catch 子句中的异常处理语句。如果没有找到,执行通用异常类型的 catch 子句中的异常处理语句。由于异常的处理是按照 catch 子句出现的顺序逐一检查 catch 子句,因此 catch 子句出现的顺序是很重要的。无论是否产生异常,一定执行 finally 子句中的语句。异常语句中不必一定包含所有 3 个子句,因此异常语句可以有以下 3 种可能的形式:

- try-catch 语句,可以有多个 catch 语句
- try-finally 语句
- try-catch-finally 语句,可以有多个 catch 语句

请看下边的例子:

(1)try-catch-finally 语句:

```
using System
using System.IO//使用文件必须引用的名字空间
public class Example
{   public static void Main()
    {   StreamReader sr=null;//必须赋初值 null,否则编译不能通过
        try
        {   sr=File.OpenText("d:\csarp\test.txt");//可能产生异常
            string s;
            while(sr.Peek()!=-1)
            {   s=sr.ReadLine();//可能产生异常
```

```
                Console.WriteLine(s);
            }
        }
        catch(DirectoryNotFoundException e)//无指定目录异常
        {   Console.WriteLine(e.Message);
        }
        catch(FileNotFoundException e)//无指定文件异常
        {   Console.WriteLine("文件"+e.FileName+"未被发现");
        }
        catch(Exception e)//其他所有异常
        {   Console.WriteLine("处理失败:{0}",e.Message);
        }
        finally
        {       if(sr! =null)
                    sr.Close();
        }
    }
}
```

（2）try-finally 语句。上例中，其实可以不用 catch 语句，在 finally 子句中把文件关闭，提示用户是否正确打开了文件，请读者自己完成。

（3）try-catch 语句。请读者把上例修改为使用 try-catch 结构，注意在每个 catch 语句中都要关闭文件。

1.7 类的继承

在 1.3 节,定义了一个描述个人情况的类 Person,如果我们需要定义一个雇员类,当然可以从头开始定义雇员类 Employee。但这样不能利用 Person 类中已定义的函数和数据。比较好的方法是,以 Person 类为基类,派生出一个雇员类 Employee,雇员类 Employee 继承了 Person 类的数据成员和函数成员,即 Person 类的数据成员和函数成员成为 Employee 类的成员。这个 Employee 类叫以 Person 类为基类的派生类,这是 C♯给我们提出的方法。C♯用继承的方法,实现代码的重用。

1.7.1 派生类的声明格式

派生类的声明格式如下：
属性 类修饰符 class 派生类名:基类名｛类体｝
雇员类 Employee 定义如下：
```
class Employee:Person//Person 类是基类
{   private string department;//部门,新增数据成员
    private decimal salary;//薪金,新增数据成员
    publicEmployee(string Name,int Age,string D,decimal S):base(Name,Age)
    {//注意 base 的第一种用法,根据参数调用指定基类构造函数,注意参数的传递
```

```
            department=D;
            salary=S;
       }
       public new void Display()//覆盖基类 Display()方法,注意 new,不可用 override
       {   base.Display();//访问基类被覆盖的方法,base 的第二种用法
           Console.WriteLine("部门:{0}   薪金:{1}",department,salary);
       }
}
```
修改主函数如下:
```
class Class1
{   static void Main(string[] args)
    {   Employee OneEmployee=new Employee("李四",30,"计算机系",2000);
        OneEmployee.Display();
    }
}
```

Employee 类继承了基类 Person 的方法 SetName(),SetAge(),数据成员 name 和 age,即认为基类 Person 的这些成员也是 Employee 类的成员,但不能继承构造函数和析构函数。添加了新的数据成员 department 和 salary。覆盖了方法 Display()。请注意,虽然 Employee 类继承了基类 Person 的 name 和 age,但由于它们是基类的私有成员,Employee 类中新增或覆盖的方法不能直接修改 name 和 age,只能通过基类原有的公有方法 SetName()和 SetAge()修改。如果希望在 Employee 类中能直接修改 name 和 age,必须在基类中修改它们的属性为 protected。

1.7.2 base 关键字

base 关键字用于从派生类中访问基类成员,它有两种基本用法:

(1)在定义派生类的构造函数中,指明要调用的基类构造函数,由于基类可能有多个构造函数,根据 base 后的参数类型和个数,指明要调用哪一个基类构造函数。参见上节雇员类 Employee 构造函数定义中的 base 的第一种用法。

(2)在派生类的方法中调用基类中被派生类覆盖的方法。参见上节雇员类 Employee 的 Display()方法定义中的 base 的第二种用法。

1.7.3 覆盖基类成员

在派生类中,通过声明与基类完全相同新成员,可以覆盖基类的同名成员,完全相同是指函数类型、函数名、参数类型和个数都相同。如上例中的方法 Display()。派生类覆盖基类成员不算错误,但会导致编译器发出警告。如果增加 new 修饰符,表示认可覆盖,编译器不再发出警告。请注意,覆盖基类的同名成员,并不是移走基类成员,只是必须用如下格式访问基类中被派生类覆盖的方法:base.Display()。

1.7.4 C#语言类继承特点

C#语言类继承有如下特点:

(1) C#语言只允许单继承,即派生类只能有一个基类。
(2) C#语言继承是可以传递的,如果 C 从 B 派生,B 从 A 派生,那么 C 不但继承 B 的成员,还要继承 A 中的成员。
(3) 派生类可以添加新成员,但不能删除基类中的成员。
(4) 派生类不能继承基类的构造函数、析构函数和事件。但能继承基类的属性。
(5) 派生类可以覆盖基类的同名成员,如果在派生类中覆盖了基类同名成员,基类该成员在派生类中就不能被直接访问,只能通过 base.基类方法名访问。
(6) 派生类对象也是其基类的对象,但基类对象却不是其派生类的对象。例如,前边定义的雇员类 Employee 是 Person 类的派生类,所有雇员都是人类,但很多人并不是雇员,可能是学生,自由职业者,儿童等。因此 C#语言规定,基类的引用变量可以引用其派生类对象,但派生类的引用变量不可以引用其基类对象。

1.8 类的成员

由于 C#程序中每个变量或函数都必须属于一个类或结构,不能像 C 或 C++那样建立全局变量,因此所有的变量或函数都是类或结构的成员。类的成员可以分为两大类:类本身所声明的以及从基类中继承来的。

1.8.1 类的成员类型

类的成员包括以下类型:
(1) 局部变量:在 for,switch 等语句中和类方法中定义的变量,只在指定范围内有效。
(2) 字段:即类中的变量或常量,包括静态字段、实例字段、常量和只读字段。
(3) 方法成员:包括静态方法和实例方法。
(4) 属性:按属性指定的 get 方法和 Set 方法对字段进行读写。属性本质上是方法。
(5) 事件:代表事件本身,同时联系事件和事件处理函数。
(6) 索引指示器:允许象使用数组那样访问类中的数据成员。
(7) 操作符重载:采用重载操作符的方法定义类中特有的操作。
(8) 构造函数和析构函数:包含有可执行代码的成员被认为是类中的函数成员,这些函数成员有方法、属性、索引指示器、操作符重载、构造函数和析构函数。

1.8.2 类成员访问修饰符

访问修饰符用于指定类成员的可访问性,C#访问修饰符有 private,protected,public 和 internal 4 种。private 声明私有成员,私有数据成员只能被类内部的函数使用和修改,私有函数成员只能被类内部的函数调用。派生类虽然继承了基类私有成员,但不能直接访问它们,只能通过基类的公有成员访问。protected 声明保护成员,保护数据成员只能被类内部和派生类的函数使用和修改,保护函数成员只能被类内部和派生类的函数调用。public 声明公有成员,类的公用函数成员可以被类的外部程序所调用,类的公用数据成员可以被类的外部程序直接使用。公有函数实际是一个类和外部通讯的接口,外部函数通过调用公有函数,按照预先设定好的方法修改类的私有成员和保护成员。internal 声明内部成员,内部成员只能在同一程序集中的文件中才是可以访问的,一般是同一个应用(Application)或库(Library)。

1.9 类的字段和属性

一般把类或结构中定义的变量和常量叫字段。属性不是字段,本质上是定义修改字段的方法,由于属性和字段的紧密关系,把它们放到一起叙述。

1.9.1 静态字段、实例字段、常量和只读字段

用修饰符 static 声明的字段为静态字段。不管包含该静态字段的类生成多少个对象或根本无对象,该字段都只有一个实例,静态字段不能被撤销。必须采用如下方法引用静态字段:类名.静态字段名。如果类中定义的字段不使用修饰符 static,该字段为实例字段,每创建该类的一个对象,在对象内创建一个该字段实例,创建它的对象被撤销,该字段对象也被撤销,实例字段采用如下方法引用:实例名.实例字段名。用 const 修饰符声明的字段为常量,常量只能在声明中初始化,以后不能再修改。用 readonly 修饰符声明的字段为只读字段,只读字段是特殊的实例字段,它只能在字段声明中或构造函数中重新赋值,在其他任何地方都不能改变只读字段的值。如:

```
public class Test
{   public const int intMax=int.MaxValue;//常量,必须赋初值
    public int x=0;//实例字段
    public readonly int y=0;//只读字段
    public static int cnt=0;//静态字段
    public Test(int x1,int y1)//构造函数
    {   //intMax=0;//错误,不能修改常量
        x=x1;//在构造函数允许修改实例字段
        y=y1;//在构造函数允许修改只读字段
        cnt++;//每创建一个对象都调用构造函数,用此语句可以记录对象的个数
    }
    public void Modify(int x1,int y1)
    {   //intMax=0;//错误,不能修改常量
        x=x1;
        cnt=y1;
        //y=10;//不允许修改只读字段
    }
}
class Class1
{   static void Main(string[] args)
    {   Test T1=new Test(100,200);
        T1.x=40;//引用实例字段采用方法:实例名.实例字段名
        Test.cnt=0;//引用静态字段采用方法:类名.静态字段名
        int z=T1.y;//引用只读字段
        z=Test.intMax;//引用常量
```

}
}

1.9.2　属性

C♯语言支持组件编程,组件也是类,组件用属性、方法、事件描述。属性不是字段,但必然和类中的某个或某些字段相联系,属性定义了得到和修改相联系的字段的方法。C♯中的属性更充分地体现了对象的封装性:不直接操作类的数据内容,而是通过访问器进行访问,借助于 get 和 set 方法对属性的值进行读写。访问属性值的语法形式和访问一个变量基本一样,使访问属性就象访问变量一样方便,符合习惯。

在类的基本概念一节中,定义一个描述个人情况的类 Person,其中字段 name 和 age 是私有字段,记录姓名和年龄,外部通过公有方法 SetName 和 SetAge 修改这两个私有字段。现在用属性来描述姓名和年龄。

```csharp
using System;
public class Person
{   private string P_name="张三";//P_name 是私有字段
    private int P_age=12;//P_age 是私有字段
    public void Display()//类的方法声明,显示姓名和年龄
    {   Console.WriteLine("姓名:{0},年龄:{1}",P_name,P_age);
    }
    public string Name//定义属性 Name
    {   get
        {   return P_name;}
        set
        {   P_name=value;}
    }
    public int Age//定义属性 Age
    {   get
        {   return P_age;}
        set
        {   P_age=value;}
    }
}
public class Test
{   public static void Main()
    {   Person OnePerson= new Person();
        OnePerson.Name="田七";//value="田七",通过 set 方法修改变量 P_Name
        string s=OnePerson.Name;//通过 get 方法得到变量 P_Name 值
        OnePerson.Age=20;//通过定义属性,既保证了姓名和年龄按指定方法修改
        int x=OnePerson.Age;//语法形式和修改、得到一个变量基本一致,符合习惯
        OnePerson.Display();
    }
}
```

在属性的访问声明中,只有 set 访问器表明属性的值只能进行设置而不能读出,只有 get 访问器表明属性的值是只读的不能改写,同时具有 set 访问器和 get 访问器表明属性的值的读写都是允许的。

虽然属性和字段的语法比较类似,但由于属性本质上是方法,因此不能把属性当做变量那样使用,也不能把属性作为引用型参数或输出参数来进行传递。

1.10 类的方法

方法是类中用于执行计算或其他行为的成员。所有方法都必须定义在类或结构中。

1.10.1 方法的声明

方法的声明格式如下:
属性 方法修饰符 返回类型 方法名(形参列表){方法体}

方法修饰符包括 new,public,protected,internal,private,static,virtual,sealed,override,abstract 和 extern。这些修饰符有些已经介绍过,其他修饰符将逐一介绍。返回类型可以是任何合法的 C# 数据类型,也可以是 void,即无返回值。形参列表的格式为:(形参类型 形参1,形参类型 形参2,...),可以有多个形参。不能使用 C 语言的形参格式。

1.10.2 方法参数的种类

C# 语言的方法可以使用如下四种参数(请注意和参数类型的区别):
- 值参数,不含任何修饰符。
- 引用参数,以 ref 修饰符声明。
- 输出参数,以 out 修饰符声明。
- 数组参数,以 params 修饰符声明。

1. 值参数

当用值参数向方法传递参数时,程序给实参的值做一份拷贝,并且将此拷贝传递给该方法,被调用的方法不会修改实参的值,所以使用值参数时,可以保证实参的值是安全的。如果参数类型是引用类型,例如是类的引用变量,则拷贝中存储的也是对象的引用,所以拷贝和实参引用同一个对象,通过这个拷贝,可以修改实参所引用的对象中的数据成员。

2. 引用参数

有时在方法中,需要修改或得到方法外部的变量值,C 语言用向方法传递实参指针来达到目的,C# 语言用引用参数。当用引用参数向方法传递实参时,程序将把实参的引用,即实参在内存中的地址传递给方法,方法通过实参的引用,修改或得到方法外部的变量值。引用参数以 ref 修饰符声明。注意在使用前,实参变量要求必须被设置初始值。

3. 输出参数

为了把方法的运算结果保存到外部变量,因此需要知道外部变量的引用(地址)。输出参数用于向方法传递外部变量引用(地址),所以输出参数也是引用参数,与引用参数的差别在于调用方法前无需对变量进行初始化。在方法返回后,传递的变量被认为经过了初始化。值参数、引用参数和输出参数的使用见下例:

```
using System;
class g{public int a=0;}//类定义
class Class1
{    public static void F1(ref char i)//引用参数
     {   i='b';}
     public static void F2(char i)//值参数,参数类型为值类型
     {   i='d';}
     public static void F3(out char i)//输出参数
     {   i='e';}
     public static void F4(string s)//值参数,参数类型为字符串
     {   s="xyz";}
     public static void F5(g gg)//值参数,参数类型为引用类型
     {   gg.a=20;}
     public static void F6(ref string s)//引用参数,参数类型为字符串
     {   s="xyz";}
     static void Main(string[] args)
     {    char a='c';
          string s1="abc";
          F2(a);//值参数,不能修改外部的 a
          Console.WriteLine(a);//因 a 未被修改,显示 c
          F1(ref a);//引用参数,函数修改外部的 a 的值
          Console.WriteLine(a);//a 被修改为 b,显示 b
          Char j;
          F3(out j);//输出参数,结果输出到外部变量 j
          Console.WriteLine(j);//显示 e
          F4(s1);//值参数,参数类型是字符串,s1 为字符串引用变量
          Console.WriteLine(s1);//显示:abc,字符串 s1 不被修改
          g g1=new g();
          F5(g1);//值参数,但实参是一个类引用类型变量
          Console.WriteLine(g1.a.ToString());//显示:20,修改对象数据
          F6(ref s1);//引用参数,参数类型是字符串,s1 为字符串引用变量
          Console.WriteLine(s1);//显示:xyz,字符串 s1 被修改
     }
}
```

4. 数组参数

数组参数使用 params 说明,如果形参表中包含了数组参数,那么它必须是参数表中最后一个参数,数组参数只允许是一维数组。比如 string[]和 string[][]类型都可以作为数组型参数。最后,数组型参数不能再有 ref 和 out 修饰符。如:

```
using System;
class Class1
{    static void F(params int[] args)//数组参数,有 params 说明
     {    Console.Write("Array contains {0} elements:",args.Length);
```

```
        foreach (int i in args)
            Console.Write(" {0}",i);
        Console.WriteLine();
    }
    static void Main(string[] args)
    {   int[] a = {1,2,3};
        F(a);//实参为数组类引用变量 a
        F(10,20,30,40);//等价于 F(new int[] {60,70,80,90})
        F(new int[] {60,70,80,90});//实参为数组类引用
        F();//等价于 F(new int[] {});
        F(new int[] {});//实参为数组类引用,数组无元素
    }
}
```

程序输出

Array contains 3 elements：1 2 3

Array contains 4 elements：10 20 30 40

Array contains 4 elements:60,70,80,90

Array contains 0 elements：

Array contains 0 elements：

方法的参数为数组时也可以不使用 params,此种方法可以使用一维或多维数组,如：

```
using System;
class Class1
{   static void F(int[,] args)//值参数,参数类型为数组类引用变量,无 params 说明
    {   Console.Write("Array contains {0} elements:",args.Length);
        foreach (int i in args)
            Console.Write(" {0}",i);
        Console.WriteLine();
    }
    static void Main(string[] args)
    {   int[,] a = {{1,2,3},{4,5,6}};
        F(a);//实参为数组类引用变量 a
        //F(10,20,30,40);//此格式不能使用
        F(new int[,] {{60,70},{80,90}});//实参为数组类引用
        //F();//此格式不能使用
        //F(new int[,] {});//此格式不能使用
    }
}
```

程序输出

Array contains 3 elements：1 2 3 4 5 6

Array contains 4 elements:60,70,80,90

1.10.3 静态方法和实例方法

用修饰符 static 声明的方法为静态方法,不用修饰符 static 声明的方法为实例方法。不管

类生成或未生成对象,类的静态方法都可以被使用,使用格式为:类名.静态方法名。静态方法只能使用该静态方法所在类的静态数据成员和静态方法。这是因为使用静态方法时,该静态方法所在类可能还没有对象,即使有对象,由于用类名.静态方法名方式调用静态方法,静态方法没有 this 指针来存放对象的地址,无法判定应访问哪个对象的数据成员。在类创建对象后,实例方法才能被使用,使用格式为:对象名.实例方法名。实例方法可以使用该方法所在类的所有静态成员和实例成员。如:

```
using System;
public class UseMethod
{   private static int x=0;//静态字段
    private int y=1;//实例字段
    public static void StaticMethod()//静态方法
    {   x=10;//正确,静态方法访问静态数据成员
        //y=20;//错误,静态方法不能访问实例数据成员
    }
    public void NoStaticMethod()//实例方法
    {   x=10;//正确,实例方法访问静态数据成员
        y=20;//正确,实例方法访问实例数据成员
    }
}
public class Class1
{   public static void Main()
    {   UseMethod m=new UseMethod();
        UseMethod.StaticMethod();//使用静态方法格式为:类名.静态方法名
        m.NoStaticMethod();//使用实例方法格式为:对象名.实例方法名
    }
}
```

1.10.4 方法的重载

在 C# 语言中,如果在同一个类中定义的函数名相同,而参数类型或参数个数不同,认为是不相同的函数,仅返回值不同,不能看作不同函数,这叫做函数的重载。前边 Person 类中定义了多个构造函数就是重载的例子。在 C 语言中,若计算一个数据的绝对值,则需要对不同数据类型求绝对值方法使用不同的方法名,如用 abc() 求整型数绝对值,labs() 求长整型数绝对值,fabs() 求浮点数绝对值。而在 C# 语言中,可以使用函数重载特性,对这 3 个函数定义同样的函数名,但使用不同的参数类型。下面是实现方法:

```
using System;
public class UseAbs
{   public int abs(int x)//整型数求绝对值
    {   return(x<0 ? -x:x);}
    public long abs(long x)//长整型数求绝对值
    {return(x<0 ? -x:x);}
    public double abs(double x)//浮点数求绝对值
```

```
        {return(x<0 ? -x:x);}
}
class Class1
{   static void Main(string[] args)
    {   UseAbs m=new UseAbs();
        int x=-10;
        long y=-123;
        double z=-23.98d;
        x=m.abs(x);
        y=m.abs(y);
        z=m.abs(z);
        Console.WriteLine("x={0},y={1},z={2}",x,y,z);
    }
}
```

类的对象调用这些同名方法,在编译时,根据调用方法的实参类型决定调用那个同名方法,计算不同类型数据的绝对值。这给编程提供了极大方便。

1.10.5 操作符重载

操作符重载是将 C♯ 语言中的已有操作符赋予新的功能,但与该操作符的本来含义不冲突,使用时只需根据操作符出现的位置来判别其具体执行哪一种运算。操作符重载,实际是定义了一个操作符函数,操作符函数声明的格式如下:

static public 函数返回类型 operator 重新定义的操作符(形参表)

C♯ 语言中有一些操作符是可以重载的,例如:+ - ! ~ ++ -- true false * / % & | ^ << >> == != > < >= <= 等等。但也有一些操作符是不允许进行重载的,例如:=, &&, ||, ?:, new, typeof, sizeof, is 等。

下边的例子,定义一个复数类,并且希望复数的加减乘除用符号+,-,*,/来表示。

```
using System;
class Complex//复数类定义
{   private double Real;//复数实部
    private double Imag;//复数虚部
    public Complex(double x,double y)//构造函数
    {   Real=x;
        Imag=y;
    }
    static public Complex operator -(Complex a)//重载一元操作符负号,注意1个参数
    {   return (new Complex(-a.Real,-a.Imag));}
    static public Complex operator +(Complex a,Complex b)//重载二元操作符加号
    {   return (new Complex(a.Real+b.Real,a.Imag+b.Imag));}
    public void Display()
    {   Console.WriteLine("{0}+({1})j",Real,Imag);}
}
class Class1
```

```
    {   static void Main(string[] args)
        {   Complex x=new Complex(1.0,2.0);
            Complex y=new Complex(3.0,4.0);
            Complex z=new Complex(5.0,7.0);
            x.Display();//显示:1+(2)j
            y.Display();//显示:3+(4)j
            z.Display();//显示:5+(7)j
            z=-x;//等价于 z=opeator-(x)
            z.Display();//显示:-1+(-2)j
            z=x+y;//即 z=opeator+(x,y)
            z.Display();//显示:4+(6)j
        }
    }
```

1.10.6 this 关键字

每个类都可以有多个对象,例如定义 Person 类的两个对象:

Person P1=new Person("李四",30);
Person P2=new Person("张三",40);

因此 P1.Display()应显示李四信息,P2.Display()应显示张三信息,但无论创建多少个对象,只有一个方法 Display(),该方法是如何知道显示哪个对象的信息的呢？C♯语言用引用变量 this 记录调用方法 Display()的对象,当某个对象调用方法 Display()时,this 便引用该对象(记录该对象的地址)。因此,不同的对象调用同一方法时,方法便根据 this 所引用的不同对象来确定应该引用哪一个对象的数据成员。this 是类中隐含的引用变量,它是被自动被赋值的,可以使用但不能被修改。例如:P1.Display(),this 引用对象 P1,显示李四信息。P2.Display(),this 引用对象 P2,显示张三信息。

1.11 类的多态性

在面向对象的系统中,多态性是一个非常重要的概念。C♯支持两种类型的多态性:

第一种是编译时的多态性,一个类的对象调用若干同名方法,系统在编译时,根据调用方法的实参类型及实参的个数决定调用那个同名方法,实现何种操作。编译时的多态性是通过方法重载来实现的。C♯语言的方法重载以及操作符重载和 C++语言的基本一致。

第二种是运行时的多态性,是在系统运行时,不同对象调用一个名字相同,参数的类型及个数完全一样的方法,会完成不同的操作。C♯运行时的多态性通过虚方法实现。在类的方法声明前加上了 virtual 修饰符,被称之为虚方法,反之为非虚方法。C♯语言的虚方法和 C++语言的基本一致。下面的例子说明了虚方法与非虚方法的区别:

```
using System;
class A
{   public void F()//非虚方法
    {   Console.Write(" A.F");}
    public virtual void G()//虚方法
```

```
        { Console.Write(" A.G");}
    }
    class B:A//A 类为 B 类的基类
    {   new public void F()//覆盖基类的同名非虚方法 F(),注意使用 new
        {   Console.Write(" B.F");}
        public override void G()//覆盖基类的同名虚方法 G(),注意使用 override
        {   Console.Write(" B.G");}
    }
    class Test
    {   static void F2(A aA)//注意,参数为 A 类引用变量
        {   aA.G();}
        static void Main()
        {   B b=new B();
            A a1=new A();
            A a2=b;//允许基类引用变量引用派生类对象,a2 引用派生类 B 对象 b
            a1.F();//调用基类 A 的非虚方法 F(),显示 A.F
            a2.F();//F()为非虚方法,调用基类 A 的 F(),显示 A.F
            b.F();//F()为非虚方法,调用派生类 B 的 F(),显示 B.F
            a1.G();//G()为虚方法,因 a1 引用基类 A 对象,调用基类 A 的 G(),显示 A.G
            a2.G();//G()为虚方法,因 a2 引用派生类 B 对象,调用派生类 B 的 G(),显示 B.G
            F2(b);//实参为派生类 B 对象,由于 A aA=b,调用派生类 B 的函数 G(),显示 B.G
            F2(a1);//实参为基类 A 对象,调用 A 类的函数 G(),显示 A.G
        }
    }
```

那么输出应该是:

A.F A.F B.F A.G B.G B.G A.G

注意例子中,不同对象调用同名非虚方法 F()和同名虚方法 G()的区别。a2 虽然是基类引用变量,但它引用派生类对象 b。由于 G()是虚方法,因此 a2.G()调用派生类 B 的 G(),显示 G.F。但由于 F()是非虚方法,a2.F()仍然调用基类 A 的 F(),显示 A.F。或者说,如果将基类引用变量引用不同对象,或者是基类对象,或者是派生类对象,用这个基类引用变量分别调用同名虚方法,根据对象不同,会完成不同的操作。而非虚方法则不具备此功能。

方法 F2(A aA)中,参数是 A 类类型,F2(b)中形参和实参的关系是:A aA=b,即基类引用变量 aA 引用派生类对象 b,aA.G()调用派生类 B 的函数 G(),显示 B.G。同理,F2(a1)实参为基类 A 对象,调用 A 类的函数 G(),显示 A.G。

在类的基本概念一节中,定义一个描述个人情况的类 Person,其中公有方法 Display()用来显示个人信息。在派生雇员类 Employee 中,覆盖了基类的公有方法 Display(),以显示雇员新增加的信息。我们希望隐藏这些细节,希望无论基类还是派生类,都调用同一个显示方法,根据对象不同,自动显示不同的信息。可以用虚方法来实现,这是一个典型的多态性例子:

```
using System;
publicclass Person
{   private String name="张三";//类的数据成员声明
```

```
        private int age=12；
    protected virtual void Display()//类的虚方法
    {   Console.WriteLine("姓名:{0},年龄:{1}",name,age);
      }
      public Person(string Name,int Age)//构造函数,函数名和类同名,无返回值
      {   name=Name;
          age=Age;
      }
      static public void DisplayData(Person aPerson)//静态方法
      {aPerson.Display();//不是静态方法调用实例方法,如写为 Display()错误
      }
}
public classEmployee:Person//Person 类是基类
{   private string department;
    private decimal salary;
    publicEmployee(string Name,int Age,string D,decimal S):base(Name,Age)
    {   department=D;
        salary=S;
    }
    protected override void Display()//重载虚方法,注意用 override
    {   base.Display();//访问基类同名方法
        Console.WriteLine("部门:{0}  薪金:{1} ",department,salary);
    }
}
class Class1
{   static voidMain(string[] args)
    {   Person OnePerson=new Person("李四",30);
        Person.DisplayData(OnePerson);//显示基类数据
        Employee OneEmployee=new Employee("王五",40,"财务部",2000);
        Person.DisplayData(OneEmployee); //显示派生类数据
    }
}
```
运行后,显示的效果是:
姓名:李四,年龄:30
姓名:王五,年龄:40
部门:财务部   薪金:2000

1.12 抽象类和抽象方法

抽象类表示一种抽象的概念,只是希望以它为基类的派生类有共同的函数成员和数据成员。抽象类使用 abstract 修饰符,对抽象类的使用有以下几项规定。
(1)抽象类只能作为其他类的基类,它不能直接被实例化。

(2)抽象类允许包含抽象成员,虽然这不是必须的。抽象成员用 abstract 修饰符修饰。

(3)抽象类不能同时又是密封的。

(4)抽象类的基类也可以是抽象类。如果一个非抽象类的基类是抽象类,则该类必须通过覆盖来实现所有继承而来的抽象方法,包括其抽象基类中的抽象方法,如果该抽象基类从其他抽象类派生,还应包括其他抽象类中的所有抽象方法。

请看下面的示例:

```
abstract classFigure//抽象类定义
{   protected double x=0,y=0;
    public Figure(double a,double b)
    {   x=a;
        y=b;
    }
    public abstract voidArea();//抽象方法,无实现代码
}
classSquare:Figure///类 Square 定义
{   public Square(double a,double b):base(a,b)
    {}
    publicoverride void Area()//不能使用 new,必须用 override
    {   Console.WriteLine("矩形面积是:{0}",x*y);}
}
classCircle:Figure///类 Square 定义
{   public Circle(double a):base(a,a)
    {}
    publicoverride void Area()
    {   Console.WriteLine("圆面积是:{0}",3.14*x*y);}
}
class Class1
{   static voidMain(string[] args)
    {Square s=new Square(20,30);
        Circle c=new Circle(10);
        s.Area();
        c.Area();
    }
}
```

程序输出结果为:

矩形面积是:600

圆面积是:314

抽象类 Figure 提供了一个抽象方法 Area(),并没有实现它,类 Square 和 Circle 从抽象类 Figure 中继承方法 Area(),分别具体实现计算矩形和圆的面积。

在类的基本概念一节中,定义一个描述个人情况的类 Person,它只是描述了一个人最一般的属性和行为,因此不希望生成它的对象,可以定义它为抽象类。

注意:C++程序员在这里最容易犯错误。C++中没有对抽象类进行直接声明的方法,而认为只要在类中定义了纯虚函数,这个类就是一个抽象类。纯虚函数的概念比较晦涩,直观上不容易为人们接受和掌握,因此C♯抛弃了这一概念。

1.13 密封类和密封方法

有时候,我们并不希望自己编写的类被继承。或者有的类已经没有再被继承的必要。C♯提出了一个密封类(sealed class)的概念,帮助开发人员来解决这一问题。

密封类在声明中使用 sealed 修饰符,这样就可以防止该类被其他类继承。如果试图将一个密封类作为其他类的基类,C♯编译器将提示出错。理所当然,密封类不能同时又是抽象类,因为抽象总是希望被继承的。

C♯还提出了密封方法(sealed method)的概念。方法使用 sealed 修饰符,称该方法是一个密封方法。在派生类中,不能覆盖基类中的密封方法。

1.14 接口

与类一样,在接口中可以定义一个和多个方法、属性、索引指示器和事件。但与类不同的是,接口中仅仅是它们的声明,并不提供实现。因此接口是函数成员声明的集合。如果类或结构从一个接口派生,则这个类或结构负责实现该接口中所声明的所有成员。一个接口可以从多个接口继承,而一个类或结构可以实现多个接口。由于 C♯语言不支持多继承,因此,如果某个类需要继承多个类的行为时,只能使用多个接口加以说明。

1.14.1 接口声明

接口声明是一种类型声明,它定义了一种新的接口类型。接口声明格式如下:
属性　接口修饰符　interface　接口名:基接口{接口体}
其中,关键字 interface、接口名和接口体时必须的,其他项是可选的。接口修饰符可以是 new,public,protected,internal 和 private。如:
publicinterface IExample
{//所有接口成员都不能包括实现
　string this[int index] {get;set;}//索引指示器声明
　event EventHandler E;//事件声明
　void F(int value);//方法声明
　string P { get; set;}//属性声明
}
声明接口时,需注意以下内容:
(1)接口成员只能是方法、属性、索引指示器和事件,不能是常量、域、操作符、构造函数或析构函数,不能包含任何静态成员。
(2)接口成员声明不能包含任何修饰符,接口成员默认访问方式是 public。

1.14.2 接口的继承

类似于类的继承性,接口也有继承性。派生接口继承了基接口中的函数成员说明。接口允许多继承,一个派生接口可以没有基接口,也可以有多个基接口。在接口声明的冒号后列出被继承的接口名字,多个接口名之间用分号分割。如:

```
using System;
interface IControl
{   void Paint();
}
interface ITextBox:IControl//继承了接口 Icontrol 的方法 Paint()
{   void SetText(string text);
}
interface IListBox:IControl//继承了接口 Icontrol 的方法 Paint()
{   void SetItems(string[] items);
}
interface IComboBox:ITextBox,IListBox
{//可以声明新方法
}
```

上面的例子中,接口 ITextBox 和 IListBox 都从接口 IControl 中继承,也就继承了接口 IControl 的 Paint 方法。接口 IComboBox 从接口 ITextBox 和 IListBox 中继承,因此它应该继承了接口 ITextBox 的 SetText 方法和 IListBox 的 SetItems 方法,还有 IControl 的 Paint 方法。

1.14.3 类对接口的实现

前面已经说过,接口定义不包括函数成员的实现部分。继承该接口的类或结构应实现这些函数成员。这里主要讲述通过类来实现接口。类实现接口的本质是,用接口规定类应实现那些函数成员。用类来实现接口时,接口的名称必须包含在类声明中的基类列表中。

在类的基本概念一节中,定义一个描述个人情况的类 Person,从类 Person 可以派生出其他类,例如:工人类、公务员类、医生类等。这些类有一些共有的方法和属性,例如工资属性。一般希望所有派生类访问工资属性时用同样变量名。该属性定义在类 Person 中不合适,因为有些人无工资,如小孩。如定义一个类作为基类,包含工资属性,但 C# 不支持多继承。可行的办法是使用接口,在接口中声明工资属性。工人类、公务员类、医生类等都必须实现该接口,也就保证了它们访问工资属性时用同样变量名。如:

```
using System;
public interface I_Salary//接口
{   decimal Salary//属性声明
    {   get;
        set;
    }
}
public class Person
```

```
{…//见 1.9.2 属性节 Person 类定义,这里不重复了。
}
public class Employee:Person,I_Salary//Person 类是基类,I_Salary 是接口
{//不同程序员完成工人类、医生类等,定义工资变量名称可能不同
    private decimal salary;
    public new void Display()
    {   base.Display();
        Console.WriteLine("薪金:{0} ",salary);
    }
    //工人类、医生类等都要实现属性 Salary,保证使用的工资属性同名
    public decimal Salary
    {   get
        {   return salary;}
        set
        {salary=value;}
    }
}
public class Test
{   public static void Main()
    { Employee S=new Employee();
      S.Name="田七";//修改属性 Name
      S.Age=20;//修改属性 Age
      S.Salary=2000;//修改属性 Salary
      S.Display();
    }
}
```

如果类实现了某个接口,类也隐式地继承了该接口的所有基接口,不管这些基接口有没有在类声明的基类表中列出。因此,如果类从一个接口派生,则这个类负责实现该接口及该接口的所有基接口中所声明的所有成员。

1.15 代表

在这里要介绍的是 C# 的一个引用类型——代表(delegate),也翻译为委托。它实际上相当于 C 语言的函数指针。与指针不同的是 C# 中的代表是类型安全的。代表类声明格式如下:

属性集 修饰符 delegate 函数返回类型 定义的代表标识符(函数形参列表);

修饰符包括 new,public,protected,internal 和 private。例如我们可以声明一个返回类型为 int,无参数的函数的代表 MyDelegate:

public delegate int MyDelegate();//只能代表返回类型为 int,无参数的函数

声明了代表类 MyDelegate,可以创建代表类 MyDelegate 的对象,用这个对象去代表一个静态方法或非静态的方法,所代表的方法必须为 int 类型,无参数。如:

```
using System;
delegate int MyDelegate();//声明一个代表,注意声明的位置
public class MyClass
{   public int InstanceMethod()//非静态的方法,注意方法为 int 类型,无参数
    {   Console.WriteLine("调用了非静态的方法。");
        return 0;
    }
    static public int StaticMethod()//静态方法,注意方法为 int 类型,无参数
    {   Console.WriteLine("调用了静态的方法。");
        return 0;
    }
}
public class Test
{   static public void Main()
    {   MyClass p = new MyClass();
//用 new 建立代表类 MyDelegate 对象,d 中存储非静态的方法 InstanceMethod 的地址
        MyDelegate d=new MyDelegate(p.InstanceMethod);//参数是被代表的方法
        d();//调用非静态方法
//用 new 建立代表类 MyDelegate 对象,d 中存储静态的方法 StaticMethod 的地址
        d=new MyDelegate(MyClass.StaticMethod);//参数是被代表的方法
        d();//调用静态方法
    }
}
```

程序的输出结果是:

调用了非静态的方法。

调用了静态的方法。

1.16 事件

事件是 C# 语言内置的语法,可以定义和处理事件,为使用组件编程提供了良好的基础。

1.16.1 事件驱动

Windows 操作系统把用户的动作都看作消息,C# 中称作事件,例如用鼠标左键单击按钮,发出鼠标单击按钮事件。Windows 操作系统负责统一管理所有的事件,把事件发送到各个运行程序。各个程序用事件函数响应事件,这种方法也叫事件驱动。

C# 语言使用组件编制 Windows 应用程序。组件本质上是类。在组件类中,预先定义了该组件能够响应的事件,以及对应的事件函数,该事件发生,将自动调用自己的事件函数。例如,按钮类中定义了单击事件 Click 和单击事件函数。一个组件中定义了多个事件,应用程序中不必也没必要响应所有的事件,而只需响应其中很少事件,程序员编制相应的事件处理函数,用来完成需要响应的事件所应完成的功能。现在的问题是,第一,如何把程序员编制的事件处理函数和组件类中预先定义的事件函数联系起来。第二,如何使不需响应的事件无动作。

这是本节要节的解决问题。

1.16.2 事件的声明

在 C♯ 中,事件首先代表事件本身,例如按钮类的单击事件,同时,事件还是代表类引用变量,可以代表程序员编制的事件处理函数,把事件和事件处理函数联系在一起。下面的例子定义了一个 Button 组件,这个例子不完整,只是说明问题。实际在 C♯ 语言类库中已预定义了 Button 组件,这里的代码只是想说明 Button 组件中是如何定义事件的。例子如下:

```
public delegate void EventHandler(object sender,EventArgs e);//代表声明
//EventHandler 可以代表没有返回值,参数为(object sender,EventArgs e)的函数
public class Button:Control//定义一个按钮类 Button 组件
{…//按钮类 Button 其他成员定义
    public event EventHandler Click;//声明一个事件 Click,是代表类引用变量
    protected void OnClick(EventArgs e)//Click 事件发生,自动触发 OnClick 方法
    {  if(Click!=null)//如果 Click 已代表了事件处理函数,执行这个函数
        Click(this,e);
    }
    public void Reset()
    {   Click=null;}
}
```

在这个例子中,Click 事件发生,应有代码保证(未列出)自动触发 OnClick 方法。Click 是类 Button 的一个事件,同时也是代表 EventHandler 类的引用变量,如令 Click 代表事件处理函数,该函数完成 Click 事件应完成的功能,Click 事件发生时,执行事件处理函数。

1.16.3 事件的预订和撤消

在随后的例子中,我们声明了一个使用 Button 类的登录对话框类,对话框类含有两个按钮:OK 和 Cancel 按钮。

```
public class LoginDialog:Form//登录对话框类声明
{   Button OkButton;
    Button CancelButton;
    public LoginDialog()//构造函数
    {   OkButton=new Button();//建立按钮对象 OkButton
        //Click 代表 OkButtonClick 方法,注意+=的使用
        OkButton.Click+=new EventHandler(OkButtonClick);
        CancelButton=new Button();//建立按钮对象 OkButton
        CancelButton.Click +=new EventHandler(CancelButtonClick);
    }
    void OkButtonClick(object sender,EventArgs e)
    {…//处理 OkButton.Click 事件的方法
    }
    void CancelButtonClick(object sender,EventArgs e)
    {…//处理 CancelButton.Click 事件的方法
```

        }
    }

在例子中建立了 Button 类的两个实例,单击按钮事件 Click 通过如下语句和事件处理方法联系在一起:OkButton.Click＋＝new EventHandler(OkButtonClick),该语句的意义是使 OkButton.Click 代表事件处理方法 OkButtonClick,这样只要 Click 事件被触发,事件处理方法 OkButtonClick 就会被自动调用。撤消事件和事件处理方法 OkButtonClick 的联系采用如下语句实现:OkButton.Click－＝new EventHandler(OkButtonClick),这时,OkButton.Click 就不再代表事件处理方法,Click 事件被触发,方法 OkButtonClick 就不会被调用了。务必理解这两条语句的用法。使用 Visual Studio.Net 集成环境可以自动建立这种联系,在自动生成的代码中包括这两条语句。

1.17 索引指示器

在 C♯语言中,数组也是类,比如我们声明一个整型数数组:int[] arr＝new int[5],实际上生成了一个数组类对象,arr 是这个对象的引用(地址),访问这个数组元素的方法是:arr[下标],在数组类中,使用索引访问元素是如何实现的呢？是否可以定义自己的类,用索引访问类中的数据成员？索引指示器(indexer)为我们提供了通过索引方式方便地访问类的数据成员的方法。

首先看下面的例子,用于打印出小组人员的名单:

```
using System
class Team
{   string[] s_name = new string[2];//定义字符串数组,记录小组人员姓名
    public string this[int nIndex]//索引指示器声明,this 为类 Team 类的对象
    {   get//用对象名[索引]得到记录小组人员姓名时,调用 get 函数
        {   return s_name[nIndex];
        }
        set//用对象名[索引]修改记录小组人员姓名时,调用 set 函数
        {s_name[nIndex] = value;//value 为被修改值
        }
    }
}
class Test
{   public static void Main()
    {   Team t1 = new Team();
        t1[0]="张三";
        t1[1]="李斯";
        Console.WriteLine("{0},{1}",t1[0], t1[1]);
    }
}
```

显示结果如下:张三,李斯

1.18 名字空间

一个应用程序可能包含许多不同的部分,除了自己编制的程序之外,还要使用操作系统或开发环境提供的函数库、类库或组件库,软件开发商处购买的函数库、类库或组件库,开发团队中其他人编制的程序,等等。为了组织这些程序代码,使应用程序可以方便地使用这些程序代码,C♯语言提出了名字空间的概念。名字空间是函数、类或组件的容器,把它们按类别放入不同的名字空间中,名字空间提供了一个逻辑上的层次结构体系,使应用程序能方便的找到所需代码。这和 C 语言中的 include 语句的功能有些相似,但实现方法完全不同。

1.18.1 名字空间的声明

用关键字 namespace 声明一个名字空间,名字空间的声明要么是源文件 using 语句后的第一条语句,要么作为成员出现在其他名字空间的声明之中,也就是说,在一个名字空间内部还可以定义名字空间成员。全局名字空间应是源文件 using 语句后的第一条语句。在同一名字空间中,不允许出现同名名字空间成员或同名的类。在声明时不允许使用任何访问修饰符,名字空间隐式地使用 public 修饰符。如:

```
using System;
namespace N1//N1 为全局名字空间的名称,应是 using 语句后的第一条语句
{   namespace N2//名字空间 N1 的成员 N2
    {   class A//在 N2 名字空间定义的类不应重名
        {   void f1(){};}
        class B
        {   void f2(){};}
    }
}
```

也可以采用非嵌套的语法来实现以上名字空间:

```
namespace N1.N2//类 A、B 在名字空间 N1.N2 中
{   class A
    {   void f1(){};}
    class B
    {   void f2(){};}
}
```

也可以采用如下格式:

```
namespace N1.N2//类 A 在名字空间 N1.N2 中
{   class A
    {   void f1(){};}
}
namespace N1.N2//类 B 在名字空间 N1.N2 中
{   class B
    {   void f2(){};}
}
```

1.18.2 名字空间使用

如在程序中,需引用其他名字空间的类或函数等,可以使用语句 using,例如需使用上节定义的方法 f1()和 f2(),可以采用如下代码:

```
usingN1.N2;
class WelcomeApp
{   A a=new A();
    a.f1();
}
```

usingN1.N2 实际上是告诉应用程序到哪里可以找到类 A。请读者重新看一下 1.2.1 节中的例子。

1.19 非安全代码

在 C 和 C++的程序员看来,指针是最强有力的工具之一,同时又带来许多问题。因为指针指向的数据类型可能并不相同,比如你可以把 int 类型的指针指向一个 float 类型的变量,而这时程序并不会出错。如果你删除了一个不应该被删除的指针,比如 Windows 中指向主程序的指针,程序就有可能崩溃。因此滥用指针给程序带来不安全因素。正因为如此,在 C♯ 语言中取消了指针这个概念。虽然不使用指针可以完成绝大部分任务,但有时在程序中还不可避免的使用指针,例如调用 Windows 操作系统的 API 函数,其参数可能是指针,所以在 C♯ 中还允许使用指针,但必须声明这段程序是非安全(unsafe)的。可以指定一个方法是非安全的,例如:unsafe void F1(int * p){…}。可以指定一条语句是非安全的,例如:unsafe int * p2=p1;还可以指定一段代码是非安全的,例如:unsafe{ int * p2=p1;int * p3=p4;}。在编译时要采用如下格式:csc 要编译的 C♯源程序/unsafe。

习 题

1.从键盘输入姓名,在显示器中显示对输入姓名的问候(提示:string 为字符串类型,用语句 string s=Console.ReadLine()输入姓名)。

2.构造函数和析购函数的主要作用是什么? 它们各有什么特性?

3.定义点类,数据成员为私有成员,增加有参数和无参数构造函数,在主函数中生成点类对象,并用字符显示点类对象的坐标。

4.定义矩形类,数据成员为私有成员,增加有参数和无参数构造函数,在主函数中生成矩形类对象,并用字符显示矩形类对象的长、宽和矩形左上角的坐标。

5.设计一个计数器类,统计键入回车的次数,数据成员为私有成员,在主程序中使用此类统计键入回车的次数。

6.说明值类型和引用类型的区别,并和 C 语言相应类型比较。

7.定义点结构,在主函数中生成点结构变量,从键盘输入点的位置,并重新显示坐标。

8.定义整型一维数组,从键盘输入数组元素数值后,用循环语句显示所有元素的值。

9. 输入字符串,将字符串第一个字母和每个空格后的字母变为大写,其余字母为小写后输出。

10. 输入 5 个数,在每两个数之间增加 3 个空格后输出。

11. 编一个猜数程序,程序设定一个 1 位十进制数,允许用户猜 3 次,错了告诉比设定数大还是小,用 switch 语句实现。

12. C♯语言 for 语句可以这样使用:for(int i;i＜10;i＋＋),请问,i 的有效使用范围。

13. 用字符 * 在 CRT 上显示一个矩形。

14. 输入一个字符串,用 foreach 语句计算输入的字符串长度,并显示长度。

15. 输入两个数相加,并显示和。用异常语句处理输入错误。

16. 将 1.6.3 节中 try - catch－finally 语句例子改为 try－finally 和 try - catch 语句。

17. 定义点类,从点类派生矩形类,数据成员为私有成员,增加有参数和无参数构造函数,在主函数中生成矩形类对象,并用字符显示矩形类对象的长、宽和矩形左上角的坐标。

18. 重做 12 题,将数据成员用属性表示。

19. 定义一个类,将类外部的 char 数组元素都变为大写。主程序输入一个字符串,将其变为 char 数组,变为大写后输出每一个 char 数组元素。分别用类对象和静态函数实现。

20. 定义分数类,实现用符号＋,－,＊,/完成分数的加减乘除。在主函数中输入两个数,完成运算后输出运算结果。

21. 建立一个 sroot()函数,返回其参数的二次根。重载它,让它能够分别返回整数、长整数和双精度参数的二次根。

22. 重新设计 complex 类,完成复数的＋,－,＊,/四则运算。

23. 定义点类,从点类派生矩形类和园类,主程序实现用同一个方法显示矩形和园的面积。

24. 重做 19 题,将点类定义为抽象类。

25. 重做 19 题,改为接口实现,即将点类改为接口。

第二章 文件和流

编程语言在如何处理输入/输出问题方面已经经过了很多变革。早期语言,例如 Basic 语言,使用 I/O 语句。后来的语言,例如 C 语言,使用标准的 I/O 库(stdio.h)。在 C++ 和 Java 语言中,引入了抽象的概念:流。流的概念不仅可用于文件系统,也可用于网络。但在 C++ 和 Java 语言中流的概念比较复杂。C♯语言也采用了流的概念,但是使用起来要简单的多。本章介绍 C♯语言中,如何处理目录和文件夹,如何处理文件,如何使用流的概念读写文件。

2.1 用流读写文件

C♯把每个文件都看成是顺序的字节流,用抽象类 Stream 代表一个流,可以从 Stream 类派生出许多派生类,例如 FileStream 类,负责字节的读写,BinaryReader 类和 BinaryWriter 类负责读写基本数据类型,如 bool,String,int16,int 等等,TextReader 类和 TextWriter 类负责文本的读写。本节介绍这些类的用法。

2.1.1 用 FileStream 类读写字节

写字节代码段如下:

```
byte[] data=new byte[10];
For(inti=0;i<10;i++)
data[i]=(byte)i;
System.IO.FileStream fs=new System.IO.FileStream("g1",FileMode.OpenOrCreate);
fs.Write(data,0,10);
```

读字节代码段如下:

```
byte[] data=new byte[10];
System.IO.FileStream fs=new System.IO.FileStream("g1",FileMode.OpenOrCreate);
fs.Seek(-5,SeekOrigin.End);
int n=fs.Read(data,0,10);//n 为所读文件字节数
```

2.1.2 用 BinaryReader 和 BinaryWriter 类读写基本数据类型

C♯中除了字节类型以外,还有许多其他基本数据类型,例如,int,bool,float 等等,读写这些基本数据类型需要使用 BinaryReader 和 BinaryWriter 类。写 int 类型数据代码段如下:

```
System.IO.FileStream fs=new System.IO.FileStream("g1",FileMode.OpenOrCreate);
System.IO.BinaryWrite w=new System.IO. BinaryWrite(fs);
For(inti=0;i<10;i++)
    w.Write(i);
```

w. Close();

读 int 类型数据代码段如下：

```
int[] data=new int[10];
System.IO.FileStream fs=new System.IO.FileStream("g1",FileMode.OpenOrCreate);
System.IO.BinaryReader r=new System.IO.BinaryReader(fs);
For(inti=0;i<10;i++)
    data[i]=r.ReadInt();
r.Close();
```

2.1.3 用 StreamReader 和 StreamWriter 类读写字符串

读写字符串可以用 StreamReader 和 StreamWriter 类。写字符串类型数据代码段如下：

```
System.IO.FileStream fs=new System.IO.FileStream("g1",FileMode.OpenOrCreate);
System.IO.StreamWrite w=new System.IO.StreamWrite(fs);
w.Write(100);
w.Write("100 个");
w.Write("End of file");
w.Close();
```

读字符串代码段如下：

```
String[] data=new String[3];
System.IO.FileStream fs=new System.IO.FileStream("g1",FileMode.OpenOrCreate);
System.IO.StreamReader r=new System.IO.StreamReader(fs);
For(inti=0;i<3;i++)
    data[i]=r.ReadLine();
r.Close();
```

2.2 File 类和 FileInfo 类

C#语言中通过 File 和 FileInfo 类来创建、复制、删除、移动和打开文件。在 File 类中提供了一些静态方法，使用这些方法可以完成以上功能，但 File 类不能建立对象。FileInfo 类使用方法和 File 类基本相同，但 FileInfo 类能建立对象。在使用这两个类时需要引用 System.IO 命名空间。这里重点介绍 File 类的使用方法。

2.2.1 File 类常用的方法

(1) AppendText：返回 StreamWrite，向指定文件添加数据；如文件不存在，就创建该文件。

(2) Copy：复制指定文件到新文件夹。

(3) Create：按指定路径建立新文件。

(4) Delete：删除指定文件。

(5) Exists：检查指定路径的文件是否存在，存在，返回 true。

(6) GetAttributes：获取指定文件的属性。

(7) GetCreationTime：返回指定文件或文件夹的创建日期和时间。

(8)GetLastAccessTime：返回上次访问指定文件或文件夹的创建日期和时间。
(9)GetLastWriteTime：返回上次写入指定文件或文件夹的创建日期和时间。
(10)Move：移动指定文件到新文件夹。
(11)Open：返回指定文件相关的 FileStream，并提供指定的读/写许可。
(12)OpenRead：返回指定文件相关的只读 FileStream。
(13)OpenWrite：返回指定文件相关的读/写 FileStream。
(14)SetAttributes：设置指定文件的属性。
(15)SetCretionTime：设置指定文件的创建日期和时间。
(16)SetLastAccessTime：设置上次访问指定文件的日期和时间。
(17)SetLastWriteTime：设置上次写入指定文件的日期和时间。
下面将通过程序实例来介绍其主要方法。

2.2.2 文件打开方法：File.Open

该方法的声明如下：public static FileStream Open(string path，FileMode mode)。下面的代码打开存放在 c:\Example 目录下名称为 e1.txt 文件，并在该文件中写入 hello。

```
FileStream TextFile=File.Open(@"c:\Example\e1.txt",FileMode.Append);
byte [] Info={(byte)'h',(byte)'e',(byte)'l',(byte)'l',(byte)'o'};
TextFile.Write(Info,0,Info.Length);
TextFile.Close();
```

2.2.3 文件创建方法：File.Create

该方法的声明如下：public static FileStream Create(string path)。下面的代码演示如何在 c:\Example 下创建名为 e1.txt 的文件。

```
FileStream NewText=File.Create(@"c:\Example\e1.txt");
NewText.Close();
```

2.2.4 文件删除方法：File.Delete

该方法声明如下：public static void Delete(string path)。下面的代码演示如何删除 c:\Example 目录下的 e1.txt 文件。

```
File.Delete(@"c:\Example\e1.txt");
```

2.2.5 文件复制方法：File.Copy

该方法声明如下：

```
public static void Copy(string sourceFileName,string destFileName,bool overwrite);
```

下面的代码将 c:\Example\e1.txt 复制到 c:\Example\e2.txt。由于 Cope 方法的 OverWrite 参数设为 true，所以如果 e2.txt 文件已存在的话，将会被复制过去的文件所覆盖。

```
File.Copy(@"c:\Example\e1.txt",@"c:\Example\e2.txt",true);
```

2.2.6 文件移动方法：File.Move

该方法声明如下：

public static void Move(string sourceFileName,string destFileName);

下面的代码可以将 c:\Example 下的 e1.txt 文件移动到 c 盘根目录下。注意:只能在同一个逻辑盘下进行文件转移。如果试图将 c 盘下的文件转移到 d 盘,将发生错误。

File.Move(@"c:\Example\BackUp.txt",@"c:\BackUp.txt");

2.2.7 设置文件属性方法:File.SetAttributes

该方法声明如下:

public static void SetAttributes(string path,FileAttributes fileAttributes);

下面的代码可以设置文件 c:\Example\e1.txt 的属性为只读、隐藏。

File.SetAttributes(@"c:\Example\e1.txt",
FileAttributes.ReadOnly|FileAttributes.Hidden);

文件除了常用的只读和隐藏属性外,还有 Archive(文件存档状态),System(系统文件),Temporary(临时文件)等。关于文件属性的详细情况请参看 MSDN 中 FileAttributes 的描述。

2.2.8 判断文件是否存在的方法:File.Exist

该方法声明如下:

public static bool Exists(string path);

下面的代码判断是否存在 c:\Example\e1.txt 文件。

if(File.Exists(@"c:\Example\e1.txt"))//判断文件是否存在
{…}//处理代码

2.2.9 得到文件的属性

用下面的代码可以得到文件的属性,例如文件创建时间、最近访问时间、最近修改时间等等。

FileInfo fileInfo=new FileInfo("file1.txt");
string s=fileInfo.FullName+"文件长度="+fileInfo.Length+",建立时间="+ fileInfo.CreationTime+";

也可用如下代码:

string s="建立时间="+ File.File.GetCreationTime("file1.txt")+"最后修改时间="+ File.GetLastWriteTime("file1.txt")+"访问时间="+File.GetLastAccessTime("file1.txt");

2.3 Directory 类和 DirectoryInfo 类

C#语言中通过 Directory 类来创建、复制、删除、移动文件夹。在 Directory 类中提供了一些静态方法,使用这些方法可以完成以上功能。但 Directory 类不能建立对象。DirectoryInfo 类使用方法和 Directory 类基本相同,但 DirectoryInfo 类能建立对象。在使用这两个类时需要引用 System.IO 命名空间。这里重点介绍 Directory 类的使用方法。

2.3.1 Directory 类的常用方法

(1)CreateDirectory:按指定路径创建所有文件夹和子文件夹。

(2)Delete:删除指定文件夹。

(3)Exists:检查指定路径的文件夹是否存在,存在,返回 true。

(4)GetCreationTime:返回指定文件或文件夹的创建日期和时间。

(5)GetCurrentDirectory:获取应用程序的当前工作文件夹。

(6)GetDirectories:获取指定文件夹中子文件夹的名称。

(7)GetDirectoryRoot:返回指定路径的卷信息、根信息或两者同时返回。

(8)GetFiles:返回指定文件夹中子文件的名称。

(9)GetFileSystemEntries:返回指定文件夹中所有文件和子文件的名称。

(10)GetLastAccessTime:返回上次访问指定文件或文件夹的创建日期和时间。

(11)GetLastWriteTime:返回上次写入指定文件或文件夹的创建日期和时间。

(12)GetLogicalDrives:检索计算机中的所有驱动器,例如 A:,C:等等。

(13)GetParent:获取指定路径的父文件夹,包括绝对路径和相对路径。

(14)Move:将指定文件或文件夹及其内容移动到新位置。

(15)SetCreationTime:设置指定文件或文件夹的创建日期和时间。

(16)SetCurrentDirectory:将应用程序的当前工作文件夹设置指定文件夹。

(17)SetLastAccessTime:设置上次访问指定文件或文件夹的日期和时间。

(18)SetLastWriteTime:设置上次写入指定文件夹的日期和时间。

2.3.2 目录创建方法:Directory. CreateDirectory

该方法声明如下:

public static DirectoryInfo CreateDirectory(string path);

下面的代码演示在 c:\Dir1 文件夹下创建名为 Dir2 子文件夹。

Directory. CreateDirectory(@"c:\Dir1\Dir2");

2.3.3 目录属性设置方法:DirectoryInfo. Atttributes

下面的代码设置 c:\Dir1\Dir2 目录为只读、隐藏。与文件属性相同,目录属性也是使用 FileAttributes 来进行设置的。

DirectoryInfo DirInfo=new DirectoryInfo(@"c:\Dir1\Dir2");

DirInfo. Atttributes=FileAttributes. ReadOnly|FileAttributes. Hidden;

2.3.4 目录删除方法:Directory. Delete

该方法声明如下:

public static void Delete(string path,bool recursive);

下面的代码可以将 c:\Dir1\Dir2 目录删除。Delete 方法的第二个参数为 bool 类型,它可以决定是否删除非空目录。如果该参数值为 true,将删除整个目录,即使该目录下有文件或子目录;若为 false,则仅当目录为空时才可删除。

Directory. Delete(@"c:\Dir1\Dir2",true);

2.3.5 目录移动方法:Directory. Move

该方法声明如下:

public static void Move(string sourceDirName,string destDirName);

下面的代码将目录 c:\Dir1\Dir2 移动到 c:\Dir3\Dir4。

File.Move(@"c:\Dir1\Dir2",@"c:\Dir3\Dir4");}

2.3.6 获取当前目录下所有子目录：Directory.GetDirectories

该方法声明如下：

public static string[] GetDirectories(string path;);

下面的代码读出 c:\Dir1\目录下的所有子目录，并将其存储到字符串数组中。

string [] Directorys;

Directorys = Directory.GetDirectories(@"c:\Dir1");

获得所有逻辑盘符：

string[] AllDrivers=Directory.GetLogicalDrives();

2.3.7 获取当前目录下的所有文件方法：Directory.GetFiles

该方法声明如下：

public static string[] GetFiles(string path;);

下面的代码读出 c:\Dir1\目录下的所有文件，并将其存储到字符串数组中。

string [] Files;

Files = Directory.GetFiles(@"c:\Dir1",);

2.3.8 判断目录是否存在方法：Directory.Exist

该方法声明如下：

public static bool Exists(string path;);

下面的代码判断是否存在 c:\Dir1\Dir2 目录。

if(File.Exists(@"c:\Dir1\Dir2"))//判断目录是否存在

{…}//处理语句

注意：路径有 3 种方式，当前目录下的相对路径、当前工作盘的相对路径、绝对路径。以 C:\dir1\dir2 为例(假定当前工作目录为 C:\Tmp)。"dir2"，"\dir1\dir2"，"C:\dir1\dir2"都表示 C:\dir1\dir2。另外，在 C#中 "\"是特殊字符，要表示它的话需要使用"\\"。由于这种写法不方便，C#语言提供了@对其简化。只要在字符串前加上@即可直接使用"\"。所以上面的路径在 C#中应该表示为"dir2"，@"\dir1\dir2"，@"C:\dir1\dir2"。

2.4 查找文件

2.4.1 Panel 和 ListView 控件

2.4.2 在指定文件夹中查找文件

Windows 操作系统提供了一个查找文件的程序，可以查找指定文件夹中的指定文件，本例也实现了同样的功能。具体实现步骤如下：

第二章 文件和流

(1)新建项目。

(2)放 Panel 控件到窗体,属性 Dock=Left。Panel 控件可以把窗体分割为多个部分,这里将窗体分割为左右两部分。

(3)在 Panel 控件中增加两个 Label 控件,属性 Text 分别为"要搜索的文件或文件夹"和"搜索范围"。

(4)在 Panel 控件中增加一个 TextBox 控件,属性 Name=textBox1,属性 Text 为空,用来输入要搜索的文件或文件夹。

(5)在 Panel 控件中增加一个 TextBox 控件,属性 Name=textBox2,属性 Text 为空,用来输入搜索范围。在其后增加一个 Button 控件,属性 Name=Broswer,属性 Text="浏览"。

(6)为"浏览"按钮增加事件函数如下:

```
private void Broswer_Click(object sender, System.EventArgs e)
{
    OpenFileDialog dlg=new OpenFileDialog();
    if(dlg.ShowDialog()==DialogResult.OK)
    {
        textBox2.Text=dlg.FileName;
    }
}
```

(7)在 Panel 控件中增加一个 Button 控件,属性 Name 分别为 Start 和 Stop,属性 Text 分别为"开始搜索"和"停止搜索"。

(8)放分割器控件 Splitter 到窗体,属性 Dock=Left。

(9)在分割器控件右侧放置视图控件 ListView,属性 Dock=Right,属性 SmallImgeList="imageList",属性 View="Detail"。点击属性 Column 右侧标题为…的按钮,在弹出的 ColumnHeader 编辑对话框中添加 4 个列头,属性 Name 分别为:FileName、FileDirectory、FileSize 和 LastWriteTime,属性 Text 分别为:名称、所在文件夹、大小和修改时间。

(10)为窗体增加一个方法:FindFiles(DirectoryInfo dir,string FileName),该方法是在第一个参数指定的文件夹中查找第二个参数指定的所有文件。在一个文夹中可能还有子文件夹,子文件夹中可能还有子文件夹,因此要在第一个参数指定的文件夹中和其子文件夹中查找第二个参数指定的所有文件。为了实现能够查找所有文件夹中的同名文件,采用递归调用方法,如果在一个文件夹中存在子文件夹,在一次调用函数自己,查找子文件夹中的文件。具体实现代码如下:

```
voidFindFiles(DirectoryInfo dir,string FileName)
{
    FileInfo[] files=dir.GetFiles(FileName);//查找所有文件并在 ListView 中显示
    If(files.Length!=0)
    {
        foreach(FileInfo aFile in files)
        {
            ListViewItem lvi;
            lvi = new ListViewItem(aFile.Name, aFile.Directory.FullName, aFile.Length.ToString, aFile.
```

```
LastWriteTime.ToShortDateString());
        lvi.ImageIndex=0;
        listView1.Items.Add(lvi);
    }
}
    DirectoryInfo[] dirs=dir.GetDirectories();//查找子文件夹中的匹配文件
    If(dirs.Length!=0)
    {
    foreach(DirectoryInfo aDir in dirs)
    {
        FindFiles(aDir,FileName);
    }
    }
}
```

(11)为"开始搜索"按钮增加事件函数如下：

```
private void Start_Click(object sender,System.EventArgs e)
{
DirectoryInfo aDir=CreateDirectorie(comboBox1.Text);
FindFiles(aDir,textBox1.Text);
}
```

(12)为"停止搜索"按钮增加事件函数如下：

```
private void Stop_Click(object sender,System.EventArgs e)
{
}
```

(13)编译、运行。

2.5 拆分和合并文件

在将一个文件作为电子邮件的附件传送时，由于附件的大小有限制，可以将较大的文件分割为较小的多个文件，传送后再合并为一个文件，下边两个方法实现文件的拆分和合并。首先是拆分方法，参数1时要拆分的文件名，参数2是拆分后的文件名，文件名后边由拆分方法自动增加序号，参数3是被拆分后的文件大小。拆分方法定义如下：

```
void SplitFile(string f1,string f2,int f2Size)
{
    FileStream inFile=new FileStream(f1,FileMode.OpenOrCreate,FileAccess.Read);
    bool mark=true;
    inti=0;
    int n=0;
    byte[] buffer=new byte[f2Size];
    while(mark)
    {
        FileStream OutFile=new FileStream(f2+i.ToString+".fsm",
```

第二章 文件和流

```
                            FileMode.OpenOrCreate,FileAccess.Read);
        if((n=inFile.Read(buffer,0,f2Size))>0)
        {
            OutFile.Write(buffer,0,n);
            i++;
            OutFile.Close();
        }
        else
        {
            mark=false;
        }
    }
    inFile.Close();
}
```

合并文件方法,参数 1 是要合并的文件名,参数 2 是被拆分的文件名,文件名后边有序号,要将这些文件合并到一起,参数 3 是要合并的文件数。合并方法定义如下:

```
void MergeFile(string f1,string f2,int f2Num)
{
    FileStream OutFile=new FileStream(f1,FileMode.OpenOrCreate,FileAccess.Write);
    int n,l;
    for(inti=0;i<f2Num;i++)
    {
        FileStream InFile=new
            FileStream(f2+i.ToString+".fsm",FileMode.OpenOrCreate,FileAccess.Read);
        l=InFile.Length;
        byte[] buffer=new byte[l];
        n=inFile.Read(buffer,0,l);
        OutFile.Write(buffer,0,n);
        InFile.Close();
    }
    OutFile.Close();
}
```

第三章　C♯程序设计案例

【试题 1】

任务一:输入某年某月某日,判断这一天是这一年的第几天。例如,2001 年 3 月 5 日是这一年的第 64 天。

要求:使用分支结构语句实现。

程序:

```
using System;
using System.Collections.Generic;
using System.Linq;
using System.Text;
namespaceshiti1_1
{
    class Program
    {
        static voidMain(string[] args)
        {
            Console.Write("输入年份:");
            string year = Console.ReadLine();
            int iyear= int.Parse(year);
            Console.Write("输入月份:");
            string month = Console.ReadLine();
            int imonth = int.Parse(month);
            Console.Write("输入日期:");
            string day = Console.ReadLine();
            int iday = int.Parse(day);
            int day_in_year = 0;
            for (int i = 1; i < imonth; i++)
            {
                day_in_year = day_in_year + DateTime.DaysInMonth(iyear, i);
            }
            day_in_year = day_in_year + iday;
            Console.WriteLine("输入的日期是{0}年份的第{1}天", year, day_in_year.ToString());
            Console.ReadKey();
        }
```

}
}

任务二:输出阶梯形式的9*9口诀表,如图3-1所示。

```
1*1=1
1*2=2   2*2=4
1*3=3   2*3=6   3*3=9
1*4=4   2*4=8   3*4=12  4*4=16
1*5=5   2*5=10  3*5=15  4*5=20  5*5=25
1*6=6   2*6=12  3*6=18  4*6=24  5*6=30  6*6=36
1*7=7   2*7=14  3*7=21  4*7=28  5*7=35  6*7=42  7*7=49
1*8=8   2*8=16  3*8=24  4*8=32  5*8=40  6*8=48  7*8=56  8*8=64
1*9=9   2*9=18  3*9=27  4*9=36  5*9=45  6*9=54  7*9=63  8*9=72
9*9=81
```

图3-1 阶梯形式的9*9口诀表

要求:使用循环结构语句实现。

程序:

```
using System;
using System.Collections.Generic;
using System.Linq;
using System.Text;

namespace shiti1_2
{
    class Program
    {
        static void Main(string[] args)
        {
            for (int i = 1; i <= 9; i++)
            {
                for (int j = 1; j <= i; j++)
                {
                    Console.Write("{0}*{1}={2,-3}", j, i, i * j);
                }
                Console.WriteLine("");
            }
            Console.ReadKey();
        }
    }
}
```

任务三:编程实现判断一个整数是否为"水仙花数"。所谓"水仙花数"是指一个3位的整数,其各位数字立方和等于该数本身。例如:153是一个"水仙花数",因为$153=1^3+5^3+3^3$。

要求：用带有一个输入参数的函数（或方法）实现，返回值类型为布尔类型。

程序：

```
using System;
using System.Collections.Generic;
using System.Linq;
using System.Text;

namespace shiti1_3
{
    class Program
    {
        static void Main(string[] args)
        {
            int a = 0;
            int b = 0;
            int c = 0;
            Console.WriteLine("100 到 1000 内的水仙花数有:");
            for (int i = 100; i <= 999; i++)
            {
                a = i / 100;
                b = i / 10 % 10;
                c = i % 10;
                if (i == (a * a * a + b * b * b + c * c * c))
                    Console.WriteLine("    {0}", i);
            }
            Console.ReadKey();
        }
    }
}
```

【试题 2】

任务一：已知字符串数组 A，包含初始数据：a1,a2,a3,a4,a5；字符串数组 B，包含初始数据：b1,b2,b3,b4,b5。编写程序将数组 A,B 的每一对应数据项相连接，然后存入字符串数组 C，并输出数组 C。输出结果为：a1b1,a2b2,a3b3,a4b4,a5b5。

例如：数组 A 的值为{"Hello"，"Hello"，"Hello"，"Hello"，"Hello"}，数组 B 的值为{"Jack"，"Tom"，"Lee"，"John"，"Alisa"}，则输出结果为{"Hello Jack"，"Hello Tom"，"Hello Lee"，"Hello John"，"Hello Alisa"}。

要求：

· 定义 2 个字符串数组 A,B，用于存储初始数据。定义数组 C，用于输出结果。

· 使用循环将数组 A,B 的对应项相连接，结果存入数组 C(不要边连接边输出)。

· 使用循环将数组 C 中的值按顺序输出。

第三章　C#程序设计案例

程序：
```csharp
using System;
using System.Collections.Generic;
using System.Linq;
using System.Text;

namespace shiti2_1
{
    class Program
    {
        static void Main(string[] args)
        {
            string[] dataone = new string[] { "a1", "a2", "a3", "a4", "a5" };
            string[] datatwo = new string[] { "b1", "b2", "b3", "b4", "b5" };
            string[] datathree = new string[5];
            for (int k = 0; k <= 4; k++)
            {
                datathree[k] = dataone[k] + datatwo[k];
                Console.Write(datathree[k] + "  ");
            }
            Console.ReadLine();
        }
    }
}
```

任务二：编写函数(或方法)：将某已知数组的奇数项组合成一个新的数组。在主函数(或主方法)中调用该函数(或方法)，并循环输出新数组的内容。

要求：

• 主函数(或主方法)定义一个已初始化值的数组，该数组中的值为：1,2,3,4,5,6,7,8,9,10,11。

编写函数(或方法)，函数(或方法)名为：OddArray；它有一个输入参数，数据类型为数组；它的返回值类型为数组。它实现如下功能：将参数数组中的奇数项存入结果数组，并返回该数组。

• 在主函数(或主方法)定义一个新的数组，用于获取 OddArray 的返回值，然后显示该返回值(显示结果应为 1,3,5,7,9,11)。

程序：
```csharp
using System;
using System.Collections.Generic;
using System.Linq;
using System.Text;
namespace shiti2_2
{
    class Program
```

```csharp
    {
        static void Main(string[] args)
        {
            int[] arr = new int[] { 1, 2, 3, 4, 5, 6, 7, 8, 9, 10, 11 };
            int[] resultArr = OddArray(arr);
            for (int i = 0; i < resultArr.Length; i++)
            { Console.WriteLine(resultArr[i]); }
            Console.Read();
        }
        private static int[] OddArray(int[] arr)//  自定义函数名为:OddArray;它有一个输入参数,数据类型为数组,返回值类型为数组
        {
            int leng;//结果数组的长度
            if (arr.Length % 2 == 0)
                leng = arr.Length / 2;
            else
                leng = arr.Length / 2 + 1;
            int[] returnArr = new int[leng];//定义一个名为 returnArr 数组,有 leng 个元素
            int j = 0;
            for (int i = 0; i < arr.Length; i = i + 2)
            {
                returnArr[j] = arr[i];
                j++;
            }
            return returnArr;
        }
    }
}
```

任务三:请完成以下编程工作:①定义学生类,其包含 2 个属性:学号,姓名。②定义大学生类,其需要继承于学生类,并新增一个属性:专业。③为大学生类实例化一个对象,并给这个大学生对象的所有属性赋值。

要求:
- 所有属性的数据类型均为字符串类型。
- 大学生类应该继承于学生类。
- 在主函数(或主方法)中实例化大学生对象,并给该对象的每个属性赋值。

程序:
```csharp
using System;
using System.Collections.Generic;
using System.Linq;
using System.Text;
namespace shiti2_3 定义学生类_大学生类
{
```

```csharp
public class Student//定义学生类
{
    private string studentNumber;//定义学号属性
    private string studentName;//定义姓名属性
    public string StudentNumber//定义一名为 StudentNumber 的方法,通过 get set 访问器为 studentNumber 属性赋值
    {
        get { return studentNumber; }//get 访问器读取对象(student)私有数据成员(即 studentNumber 属性)
        set { studentNumber = value; }//set 访问器改写(student)对象的私有数据成员(即 studentNumber 属性值)
    }
    public string StudentName//定义一名为 StudentName 的方法,通过 get set 访问器为 studentName 属性赋值
    {
        get { return studentName; }//get 访问器读取对象(student)私有数据成员(即 studentName 属性)
        set { studentName = value; }//set 访问器改写(student)对象的私有数据成员(即 studentName 属性值)
    }
}
public class CollegeStudent : Student//定义大学生类 CollegeStudent 其中 Student 为父类 CollegeStudent 为子类继承你类属性
{
    private string specialName;//定义专业属性
    public string SpecialName
    {
        get { return specialName; }
        set { specialName = value; }
    }
    class Program
    {
        static void Main(string[] args)
        {
            CollegeStudent student = new CollegeStudent();//产生一个名为 student 的新对象(属于 collegeStudent 类)
            //以下为大学生对象的所有属性赋值
            student.StudentNumber = "10001";
            student.StudentName = "张三";
            student.SpecialName = "软件技术";
            Console.WriteLine(student.SpecialName + student.StudentNumber + student.StudentName);
            Console.Read();
```

            }
        }
    }
}

【试题 3】

任务一：已知某个班有 M 个学生，学习 N 门课程，已知所有学生的各科成绩。请编写程序：分别计算每个学生的平均成绩，并输出。

要求：

• 定义一个二维数组 A，用于存放 M 个学生的 N 门成绩。定义一个一维数组 B，用于存放每个学生的平均成绩。

• 使用二重循环，将每个学生的成绩输入到二维数组 A 中。

• 使用二重循环，对已经存在于二维数组 A 中的值进行平均分计算，将结果保存到一维数组 B 中。

• 使用循环输出一维数组 B(即平均分)的值。

程序：

```csharp
using System;
using System.Collections.Generic;
using System.Linq;
using System.Text;
namespace shiti3_1
{
    class Program
    {
        static voidMain(string[] args)
        {
            int M, N;
            Console.Write("请输入学生数");
            M = int.Parse(Console.ReadLine());
            Console.Write("请输入课程数");
            N = int.Parse(Console.ReadLine());
            int[,] score = new int[M, N];
            for (int i = 0; i < M; i++)
            {
                Console.WriteLine("第{0}个学生", i + 1);
                for (int j = 0; j < N; j++)
                {
                    Console.Write("第{0}门成绩", j + 1);
                    score[i, j] = int.Parse(Console.ReadLine());
                }
            }
```

```
            double[] scoreAver = new double[M];
            for (int i = 0; i < M; i++)
            {
                Double sum = 0;
                for (int j = 0; j < N; j++)
                {
                    sum += score[i, j];
                }
                scoreAver[i] = sum / N;
            }
            for (int i = 0; i < M; i++)
            {
                Console.Write("第{0}个学生平均成绩", i + 1);
                Console.WriteLine(scoreAver[i]);
            }
            Console.Read();
        }
    }
}
```

任务二:利用递归方法求5!

用递归方式求出阶乘的值。递归的方式为：

5! = 4! * 5
4! = 3! * 4
3! = 2! * 3
2! = 1! * 2
1! = 1

即要求出5!,先求出4!;要求出4!,先求出3! … 以此类推。

要求：

- 定义一个函数(或方法),用于求阶乘的值。
- 在主函数(或主方法)中调用该递归函数(或方法),求出5的阶乘,并输出结果。

程序：

```
using System;
using System.Collections.Generic;
using System.Linq;
using System.Text;
namespace shiti3_2
{
    class Program
    {
        static void Main(string[] args)
        {
            Console.WriteLine("5 的阶乘为"+fun(5));
```

```
            //Console.ReadLine();
            Console.ReadKey();
        }
        static int fun(int n)
        {
            if (n > 1)
            { return n * fun(n - 1); }
            else
            { return 1; }
        }
    }
}
```

任务三：有一分数序列：2/1,3/2,5/3,8/5,13/8,21/13 … 求出这个数列的前20项之和。
要求：利用循环计算该数列的和。注意分子分母的变化规律。
提示：
a1＝2,   b1＝1,   c1＝a1/b1；
a2＝a1＋b1, b2＝a1,   c2＝a2/b2；
a3＝a2＋b2, b3＝a2,   c3＝a3/b3；
…
s ＝ c1＋c2＋…＋c20；
s 即为分数序列：2/1,3/2,5/3,8/5,13/8,21/13 … 的前20项之和。
程序：

```
using System;
using System.Collections.Generic;
using System.Linq;
using System.Text;

namespace   shiti3_3
{
    class Program
    {
        static voidMain(string[] args)
        {
            int length = 19;
            double a, b, d;//分子
            int A, B, D;//分母
            a = 2; b = 3;
            A = 1; B = 2;
            Console.Write(a + "/" + A+"+");
            Console.Write(b + "/" +B);
            double sum = a / A + b / B;
            d = a + b;
```

```
            D = A + B;
            for (int i = 1; i < length; i++)
            {
                Console.Write("+"+d + "/" + D);
                sum += d / D;
                a = b;
                b = d;
                d = a + b;
                A = B;
                B = D;
                D = A + B;
            }
            Console.WriteLine("=" + sum);
            Console.Read();
        }
    }
}
```

【试题 4】

任务一:计算算式 $1+2^1+2^2+2^3+\cdots+2^n$ 的值。

要求:n 由键盘输入,且 $2 \leqslant n \leqslant 10$。

程序:

```
using System;
using System.Collections.Generic;
using System.Linq;
using System.Text;
namespace shiti4_1
{
    class Program
    {
        static void Main(string[] args)
        {
            while (true)
            {
                Console.Write("请输入一个 2-10 整数:(输其他数退出)");
                int num = int.Parse(Console.ReadLine());
                if (num >= 2 && num <= 10)
                    Console.WriteLine("2 的 0 次到 2 的{1}次方之和为{0}", xx(num) + 1, num);
                else
                    break;
            }
        }
```

```
        private static int xx(int num)
        {
            int sum = 0;// sum 为累加器
            for (int i = 1; i <= num; i++) //I 控制外循环次数为 NUM 次
            {
                int f = 1;              //f 表示每项的积,此处赋初始值 1
                for (int j = 1; j <= i; j++)//j 控制内循环次数
                {
                    f *= 2;
                }
                sum += f;
            }
            return sum;
        }
    }
}
```

任务二：输入一批学生成绩,以-1作为结束标记。统计这批学生中,不及格(score<60)、及格(60<=score<70)、中等(70<=score<80)、良好(80<=score<90)、优秀(90<=score<=100)的人数。

要求:使用分支结构语句实现。

程序:

```
using System;
using System.Collections.Generic;
using System.Linq;
using System.Text;

namespace shiti4_2判断及格人数_试题四任务二_
{
    class Program
    {
        static void Main(string[] args)
        {
            {
                int excellent = 0;
                int fine = 0;
                int middle = 0;
                int pass = 0;
                int fail = 0;
                int score;
                Console.WriteLine("请输入成绩,输入-1退出");
                while (true)
                {
```

```csharp
            score = int.Parse(Console.ReadLine());
            if (score == -1)
                break;
            else if (score < 0 || score > 100)
                Console.WriteLine("数据输入错误,请重新输入");
            switch (score / 10)
            {
                case 10:
                case 9:
                    excellent++;
                    break;
                case 8:
                    fine++;
                    break;
                case 7:
                    middle++;
                    break;
                case 6:
                    pass++;
                    break;
                case 5:
                case 4:
                case 3:
                case 2:
                case 1:
                    fail++;
                    break;
            }
            Console.WriteLine("优秀学生人数:" + excellent);
            Console.WriteLine("良好学生人数:" + fine);
            Console.WriteLine("中等学生人数:" + middle);
            Console.WriteLine("及格学生人数:" + pass);
            Console.WriteLine("不及格学生人数:" + fail);
            Console.ReadLine();
        }
    }
}
```

任务三:创建5个学生对象,并赋给一个学生数组,每个学生有以下属性:学号、姓名、年龄,请按顺序实现以下任务:

子任务1:将学生按学号排序输出。

子任务 2：给所有学生年龄加 1。
子任务 3：在实现子任务 2 的基础上，统计大于 20 岁的学生人数。
程序：

```csharp
using System;
using System.Collections.Generic;
using System.Linq;
using System.Text;

namespace shiti4_3
{
    class Program
    {
        public class Student //定义一个student类
        {
            private int stuId; //stuid 为学号
            private string stuName;//stuname 为姓名
            private int stuAge;//stuage 为年龄
            public Student(int Id, string Name, int Age)
            {
                this.stuId = Id;
                this.stuName = Name;
                this.stuAge = Age;
              // this.stuAge = Age+1;
            }
            public static Student[] SortStudents(Student[] stu)//定义一个名为sortstudent的方法 其中类(student)可作为数组的类型
            //private static int[] oddarry[int[] arr]创建数给函数
            {
                Student temp;//以下为冒泡法排序
                for (int i = 0; i < stu.Length - 1; i++)
                {
                    for (int j = 0; j < stu.Length - i - 1; j++)
                    {
                        if (stu[j].stuId > stu[j + 1].stuId)
                        {
                            temp = stu[j];
                            stu[j] = stu[j + 1];
                            stu[j + 1] = temp;
                        }
                    }
                }
                return stu;
```

}
public static void PrintStudent(Student[] stu)//定义一个名为 PrintStudent 的方法用输出相关结果
{
for (int i = 0; i < stu.Length; i++)
{ Console.WriteLine(stu[i].stuId.ToString() + " " + stu[i].stuName + " " + stu[i].stuAge.ToString()); }
Console.WriteLine("各学员年龄加 1 输出");
int count = 0;
for (int i = 0; i < stu.Length; i++)

{ stu[i].stuAge = stu[i].stuAge + 1;
if (stu[i].stuAge > 20)
count = count + 1;
Console.WriteLine(stu[i].stuId.ToString() + " " + stu[i].stuName + " " + stu[i].stuAge.ToString());
}
Console.WriteLine("大于 20 岁的有数有{0}人", count);
}

static void Main(string[] args)
{
Student[] stu = new Student[5];//给创建的新数组对象 stu 初始化 int[ ]a=new int[3]{1,2,3}
stu[0] = new Student(10001, "张三", 18);
stu[1] = new Student(10010, "李四", 20);
stu[2] = new Student(10018, "王五", 19);
stu[3] = new Student(10005, "斯密斯", 24);
stu[4] = new Student(10009, "泰克", 28);
stu = Student.SortStudents(stu);
Student.PrintStudent(stu);
Console.ReadKey();
}
}
}
}

【试题 5】

任务一:编写一个程序找出 100~1000 之间的所有姐妹素数。
注:姐妹素数是指相邻两个奇数均为素数。
要求:使用循环结构语句实现。

程序：
```
using System;
using System.Collections.Generic;
using System.Linq;
using System.Text;

namespace shiti5_1
{
    class Program
    {
        static void Main(string[] args)
        {
            Console.WriteLine("100 到 1000 的姐妹素数为" + " ");
            for (int m = 101, n = 103; m <= 1000; m += 2, n += 2)
            {
                bool a = true;
                for (int i = 3; i < m / 2; i += 2)
                {
                    if (m % i == 0)
                    { a = false; break; }

                }
                for (int i = 3; i <= n / 2; i += 2)
                {
                    if (n % i == 0)
                    { a = false; break; }
                }
                if (a == true)
                { Console.Write(m.ToString() + "和" + n.ToString() + "  "); }
            }
            Console.ReadKey();

        }
    }
}
```

任务二：利用求 n! 的方法计算 2!＋4!＋5! 的值。
要求：分别利用递归和非递归方法实现求 n!。
程序：
(1)递归法：
```
using System;
using System.Collections.Generic;
using System.Linq;
```

```csharp
using System.Text;

namespace shiti5_2阶乘
{
    class Program
    {
        public static long power(int n)
        {
            if (n == 1 || n == 0)
                return 1;
            else
                return n * power(n - 1);
        }
        static void Main(string[] args)
        {
            int n;
            long sum = 0;
            sum = power(2) + power(4) + power(5);
            Console.WriteLine("2! +4! +5! ={0}", sum);
            Console.ReadLine();
        }
    }
}
```

(2)非递归法：

```csharp
using System;
using System.Collections.Generic;
using System.Linq;
using System.Text;

namespace shiti5_2阶乘
{
    class Program
    {
        public static long power(int n)
        {
            int total = 1;
            for (int i = 1; i <= n; i++)
                total = total * i;
            return total;
        }

        static void Main(string[] args)
        {
```

```
            int n;
            long sum = 0;
            sum = power(2) + power(4) + power(5);
            Console.WriteLine("2! +4! +5! ={0}", sum);
            Console.ReadLine();
        }
    }
}
```

任务三:编写程序实现:

(1)定义一个抽象类 Shape,它有一个计算面积的抽象方法 calArea。

(2)定义一个三角形类 Triangle。它有两个属性 n,m,分别表示三角形的底和高。另外,它必须继承于 Shape 类,并实现 calArea 方法来计算三角形的面积。

(3)定义一个矩形类 Rectangle。它有两个属性 n,m,分别表示矩形的长和宽。另外,它必须继承于 Shape 类,并实现 calArea 方法来计算矩形的面积。

(4)定义一个圆类 Circle。它有一个属性 n,表示圆形的半径。另外,它必须继承于 Shape 类,并实现 calArea 方法来计算圆形的面积。

(5)分别创建一个三角形对象、一个矩形对象、一个圆形对象,然后将它们存入到一个数组中,最后将数组中各类图形的面积输出到屏幕上。

程序:

```
using System;
using System.Collections.Generic;
using System.Linq;
using System.Text;

namespace shiti5_3
{
    public abstract class Shape
    {
        // 面积
        public abstract double calArea();

    }
    public class Circle : Shape
    {
        private float radius;
        public Circle(float radius)
        {
            this.radius = radius;
        }
        // 圆面积
        public override double calArea()
        {
```

```csharp
            return Math.PI * radius * radius;
        }
    }
    public class Triangle : Shape
    {
        private float n, m;
        public Triangle(float n,float m)
        {
            this.n=n;
            this.m=m;
        }
        public override double calArea()
        {
            return 0.5 * n * m;
        }
    }
    public class Rectangle : Shape
    {
        private float n, m;
        public Rectangle(float n, float m)
        {
            this.n = n;
            this.m = m;
        }
        public override double calArea()
        {
            return  n * m;
        }
    }
    class Program
    {
        static void Main(string[] args)
        {
            Circle c = new Circle(10);
            Triangle d = new Triangle(4, 5);
            Rectangle e = new Rectangle(4, 5);
            double[] db = new double[3];
            db[0] = c.calArea();
            db[1] = d.calArea();
            db[2] = e.calArea();
            Console.WriteLine("圆面积为:{0}", db[0]);
            Console.WriteLine("三角形面积为:{0}", db[1]);
            Console.WriteLine("矩形面积为:{0}", db[2]);
```

```
            Console.ReadKey();
        }
    }
}
```

【试题6】

任务一:编写一个应用程序,计算并输出一维数组(9.8,12,45,67,23,1.98,2.55,45)中的最大值、最小值和平均值。

程序:

```
using System;
using System.Collections.Generic;
using System.Linq;
using System.Text;

namespace shiti6_1
{
    class Program
    {
        static void Main(string[] args)
        {
            Double[] stu = { 9.8, 12, 45, 67, 23, 1.98, 2.55, 45 };//定义双精度数组,元素个数为8个

            Double max, min, sum = 0;    //max 最大值、min 最小值、sum 求和
            Console.WriteLine("下列数组元素:");
            for (int i = 0; i < stu.Length; i++)
            {
                Console.Write("{0}\t", stu[i]);//逐个输出数组元素   \t 是输出一个 Tab 字符
            }
            max = stu[0]; min = stu[0];//将数组元素第一个值赋给 max 、min
            for (int i = 0; i < stu.Length; i++)//求最大数 最小值
            {
                sum += stu[i];
                if (stu[i] >= max)
                {
                    max = stu[i];
                }
                else if (stu[i] <= min)
                {
                    min = stu[i];
                }
            }
            Console.WriteLine("\n 最大值为:{0},最小值为:{1},平均值为:{2}", max, min, sum /
```

stu.Length);

            Console.ReadLine();
        }
    }
}

任务二：将字符串"FEDCBA"存放到数组中，调用 for 循环读出数组数据显示在屏幕上，同时将结果以文件流形式写入考生文件夹下，文件名为 WriteArr.txt。

要求：使用循环结构语句实现，直接输出不计分。

程序：

```csharp
using System;
using System.Collections.Generic;
using System.Linq;
using System.Text;
using System.IO;
namespace shiti6_2 将结果以文件流形式
{
    class Program
    {
        static void Main(string[] args)
        {
            Shuzu();//调用 shuzu 自定义函数
            Console.ReadLine();
        }
        static void Shuzu()
        {
            string s = "FEDCBA";
            char[] Sstring = s.ToCharArray();
            for (int i = 0; i < Sstring.Length; i++)
            {
                Console.Write("{0}", Sstring[i]);
            }
            //写入数组
            string path = @"F:\test\WriteArr.txt";//设置文件的绝对路径名
            if (File.Exists(path))
            {
                Console.WriteLine("文件已经存在");
                Console.WriteLine("文件创建失败");
            }
            else
            {
                StreamWriter writefile = System.IO.File.CreateText(path);
```

```
                writefile.WriteLine(s);
                writefile.Close();
                Console.WriteLine("文件创建成功");
            }
        }
    }
}
```

任务三:某国的个人所得税草案规定,个税的起征点为 3000 元,分成 7 级,税率情况见表 3-1,从键盘上输入月工资,计算应交纳的个人所得税。

表 3-1 税率情况表

级 数	全月应纳税所得额	税率/(%)
1	不超过 1500 元的(即 3000~4500 之间)	5
2	超过 1500 元至 4500 元的部分	10
3	超过 4500 元至 9000 元的部分	20
4	超过 9000 元至 35000 元的部分	25
5	超过 35000 元至 55000 元的部分	30
6	超过 55000 元至 80000 元的部分	35
7	超过 80000 元的部分	45

注意:超出部分按所在税的级数计算,如:一个人的月收入为 6000,应交个人所得税为:1500*0.05 +((6000-3000)-1500)*0.1=225

在键盘上输入一个人的月收入,编程实现计算该公民所要交的税。

例如:输入"4000",则输出"你要交的税为:50"。

程序:

```
using System;
using System.Collections.Generic;
using System.Linq;
using System.Text;

namespace shiti6_3
{
    class Program
    {
        static void Main(string[] args)
        {
            Console.Write("请输入月工资:");
            double gz = Convert.ToDouble(Console.ReadLine());
            if (gz <= 3000)
            {
```

```csharp
            Console.WriteLine("您不需要纳税");
        }
        else
        {
            Console.WriteLine("您应纳税:{0}", Tax(gz));
        }
        Console.ReadLine();
    }

    static Double Tax(double a)
    {
        double gz = (a - 3000);
        double pay = 0;
        if (gz <= 1500)
        {
            pay = gz * 0.05;
        }
        if (4500 >= gz && gz > 1500)
        {
            pay = 1500 * 0.05 + (gz - 1500) * 0.1;
        }
        if (9000 >= gz && gz > 4500)
        {
            pay = 1500 * 0.05 + (4500 - 1500) * 0.1 + (gz - 4500) * 0.2;
        }
        if (35000 >= gz && gz > 9000)
        {
            pay = 1500 * 0.05 + (4500 - 1500) * 0.1 + (9000 - 4500) * 0.2 + (gz - 9000) * 0.25;
        }
        if (55000 >= gz && gz > 35000)
        {
            pay = 1500 * 0.05 + (4500 - 1500) * 0.1 + (9000 - 4500) * 0.2 + (35000 - 9000) * 0.25 + (gz - 35000) * 0.3;
        }
        if (80000 >= gz && gz > 55000)
        {
            pay = 1500 * 0.05 + (4500 - 1500) * 0.1 + (9000 - 4500) * 0.2 + (35000 - 9000) * 0.25 + (55000 - 35000) * 0.3 + (gz - 55000) * 0.35;
        }
        if (gz > 80000)
        {
            pay = 1500 * 0.05 + (4500 - 1500) * 0.1 + (9000 - 4500) * 0.2 + (35000
```

−9000)＊0.25＋(55000−35000)＊0.3＋(80000−55000)＊0.35＋(gz−80000)＊0.45;
            }
            return pay;
        }
    }
}

【试题 7】

任务一:编写一个程序,对用户输入的任意一组字符如{3,1,4,7,2,1,1,2,2},输出其中出现次数最多的字符,并显示其出现次数。如果有多个字符出现次数均为最大且相等,则输出最先出现的那个字符和它出现的次数。例如,上面输入的字符集合中,"1"和"2"都出现了 3 次,均为最大出现次数,因为"1"先出现,则输出字符"1"和它出现的次数 3 次。

要求:使用分支、循环结构语句实现。

程序:

```
using System;
using System.Collections.Generic;
using System.Linq;
using System.Text;
namespace shiti7_1
{
    class Program
    {
        static void Main(string[] args)
        {
            int[] ch = { 2, 3, 4, 7, 2, 1, 1, 5, 1, 5, 5 };
            int[] pop=new int[ch.Length];
            pop[0]=0;
            int cou=0;
            int db=0;
            int db2 = 0;
            for(int i=0;i<ch.Length;i++){
                for(int j=0;j<ch.Length-i-1;j++)
                {if(ch[i]==ch[i+1])
            cou=cou+1;}
                if (cou > pop[i])
                { pop[i] = cou; }
                db = pop[i];
                db2 = ch[i];
            }
            Console.WriteLine("个数为{0}", db);
            Console.WriteLine("输入最多的是{0}", db2);
            Console.ReadLine();
```

                }
            }
    }

任务二:求 n 以内(不包括 n)同时能被 3 和 7 整除的所有自然数之和的平方根 s,然后将结果 s 输出到文件 out.txt 中。例如若 n 为 1000 时,则 s=153.909064。

要求:使用循环语句结构实现。②n 由键盘输入,且 100≤n≤10000。

程序:

```
using System;
using System.Collections.Generic;
using System.Linq;
using System.Text;
using System.IO;
namespace shiti7_2
{
    class Program
    {
        static voidMain(string[] args)
        {
            int n;
            long s = 0;//s 为累加器
            double sqr;//sqr 用于保存平方根的值
            while (true)
            {
                Console.WriteLine("请输入 100-1000 之间的值");
                n = Convert.ToInt32(Console.ReadLine());
                // n = int.Parse(Console.ReadLine());
                if (n >= 100 && n <= 1000)
                {
                    for (int i = 1; i < n; i++)
                    {
                        if (i % 3 == 0 && i % 7 == 0)
                        {
                            s += i;
                        }
                    }
                    sqr = Math.Sqrt(s);
                    Console.WriteLine("平方根为:{0}", sqr);
                    Console.ReadLine();
                    string path = @"F:\out.txt";
                    if (File.Exists(path))
                    {
                        Console.WriteLine("Error,文件已存在!");
```

```
                    return;
                }
                StreamWriter sw = File.CreateText(path);
                sw.WriteLine(sqr);
                sw.Close();
            }
            else
            { Console.WriteLine("您输入的值不符要求,请重输"); continue; }
        }
      }
    }
}
```

任务三:输入整数 a,输出结果 s,其中 s 与 a 的关系是:s=a+aa+aaa+aaaa+aa...a,最后为 a 个 a。例如 a=2 时,s=2+22=24。

要求:①使用循环结构语句实现。②a 由键盘输入,且 2≤a≤9。

程序:

```
using System;
using System.Collections.Generic;
using System.Linq;
using System.Text;
namespace shiti7_3
{
    class Program
    {
        static voidMain(string[] args)
        {
            int a, n, i = 1;
            long sum = 0, t = 0;
            Console.WriteLine("请输入 2-7 之间的数据:");
            a = int.Parse(Console.ReadLine());
            n = a;
            while (i <= n)
            { t = t + a;
            sum = sum + t;
            a=a*10;
            ++i;}
            Console.WriteLine ("a+aa+aaa+…={0}",sum);
            Console.ReadLine();
        }
    }
}
```

【试题 8】

任务一：请编写函数（或方法）fun，其功能是：将两个两位数的正整数 a,b 合并形成一个整数放在 c 中。合并的方式是：将 a 数的十位和个位数依次放在 c 数个位和十位上，b 数的十位和个位数依次放在 c 数的百位和千位上。

例如，当 a＝16,b＝35 时，则 c＝5361。

其中，a,b 为函数（或方法）fun 的输入参数，c 为函数（或方法）fun 的返回值。

程序：

```
using System;
using System.Collections.Generic;
using System.Linq;
using System.Text;

namespace shiti8_1
{
    class Program
    {
        static void Main(string[] args)
        {
            int a, b, c;
            Console.Write("请输入两位数的值:");
            a = int.Parse(Console.ReadLine());
            Console.Write("请输入两位数的值:");
            b = int.Parse(Console.ReadLine());
            Console.WriteLine("a={0},b={1}", a, b);
            c = fun(a, b);
            Console.WriteLine("c={0}", c);
            Console.ReadLine();
        }
        static int fun(int a, int b)
        {
            int c = 0, i = 0, j = 0, k = 0, l = 0;
            i = a / 10;
            j = a % 10;
            k = b / 10;
            l = b % 10;
            c = 100 * k + l * 1000 + i + j * 10;
            return c;
        }
    }
}
```

任务二：孙悟空在大闹蟠桃园的时候，第一天吃掉了所有桃子总数一半多一个，第二天又将剩下的桃子吃掉一半多一个,以后每天吃掉前一天剩下的一半多一个,到第 n 天准备吃的时候只剩下一个桃子。这下可把神仙们心疼坏了,请帮忙计算一下,第一天开始吃的时候桃园一共有多少个桃子。

要求:①使用循环结构语句实现。②整数 N 由键盘输入,且 2 ≤ N ≤ 10。

程序:

```
using System;
using System.Collections.Generic;
using System.Linq;
using System.Text;

namespace shiti8_2
{
    class Program
    {
        static void Main(string[] args)
        {
            int days = 0, npeach = 1;
            Console.WriteLine("请输入剩下一个桃子的时候是第几天:");
            days = int.Parse(Console.ReadLine());
            if (days != 0)
            {
                for (int i = 1; i < days; i++)
                { npeach = (npeach + 1) * 2; }
                Console.WriteLine("第一天开始吃时有{0}个桃子", npeach);
                Console.ReadLine();
            }
        }
    }
}
```

任务三:输入一个 5 位正整数,输出它是不是回文数。回文数是这样一种数,它的逆序数和它本身相等。例如,12321 的逆序数是 12321,和它本身相等,所以它是回文数。又例如 25128 的逆序数是 82152,所以它不是回文数。

要求:使用分支或循环结构语句实现。

程序:

```
using System;
using System.Collections.Generic;
using System.Linq;
using System.Text;

namespace shiti8_3
{
    class Program
```

```
        {
            static voidMain(string[] args)
            {long ge,shi,qian,wan,x;
            Console.WriteLine("请输入数字");
                x=long.Parse(Console.ReadLine());
wan=x/10000;
qian=x%10000/1000;
shi=x%100/10;
ge=x%10;
if (ge==wan&&shi==qian)/*个位等于万位并且十位等于千位*/
Console.WriteLine("this number is a huiwensuo");
else
Console.WriteLine("this number is not a huiwensuo");
Console.ReadLine();
            }
         }
     }
```

【试题9】

任务一:一个球从100m高度自由落下,每次落地后反弹回原高度的一半,再落下,再反弹。求它在第十次落地时,共经过多少米？第十次反弹多高？

要求:使用循环结构语句实现。

程序:

```
using System;
using System.Collections.Generic;
using System.Linq;
using System.Text;

namespace shiti9_1
{
    class Program
    {
        static voidMain(string[] args)
        {
            int count = 0; double height = 100;
            double sum = 100;
            for (int i = 1; i <= 10; i++)
            {
                height /= 2;//反弹高度减半.
                sum = sum + height * 2;
                count = count + 1;
            }
```

```
                Console.WriteLine("第" + count + "次落地,反弹高度=" + height + "米");
                Console.WriteLine("第" + count + "次落地时共经过" + (sum - height * 2) + "米");//经过路程多算了一次反弹来回高度,所以要减去
                Console.ReadKey();
            }
        }
    }
```

任务二:Lee 的老家住在工业区,日耗电量非常大。

今年 7 月,传来了不幸的消息,政府要在 7,8 月对该区进行拉闸限电。政府决定从 7 月 1 日起停电,然后隔一天到 7 月 3 日再停电,再隔两天到 7 月 6 日停电,依次下去,每次都比上一次长一天。

Lee 想知道自己到家后到底要经历多少天的停电。请编写程序帮他算一算。

要求:从键盘输入放假日期、开学日期,日期限定在 7~8 月份,且开学日期大于放假日期,然后在屏幕上输出停电天数。

提示:可以用数组标记停电的日期。

程序:

```
using System;
using System.Collections.Generic;
using System.Linq;
using System.Text;

namespace shiti9_2
{
    class Program
    {
        static void Main(string[] args)
        {
            int[] day = new int[63];    //定义一个数组,存放两个月停电状态
            int a, b, c, d;   //a 为放假开学月份,b 为放假日期,c 为开学月份,d 为放假日期
            int t, x = 1, n = 0;
            int k = 2;   //表示停电间隔初始天数
            Console.WriteLine("请输入放假月份:");
            a = int.Parse(Console.ReadLine());
            Console.WriteLine("请输入放假日期:");
            b = int.Parse(Console.ReadLine());
            Console.WriteLine("请输入开学月份:");
            c = int.Parse(Console.ReadLine());
            Console.WriteLine("请输入开学日期:");
            d = int.Parse(Console.ReadLine());
            while (x <= 62)   //判断 7、8 个月的停电具体时间
            {
                day[x] = 1;
```

```
            //    Console.WriteLine(day[x]);
                x += k;
                k++;
            }
            if (a == 7 && c == 7)
            {
                for (t = b; t <= d; t++)
                    if (day[t] == 1) n++;
            }
            if (a == 8)
            {
                b = b + 31;
                for (t = b; t <= 31 + d; t++)
                    if (day[t] == 1) n++;
            }
            if (a == 7 && c == 8)
            {
                d = d + 31;
                for (t = b; t <= d; t++)
                    if (day[t] == 1) n++;
            }
            Console.WriteLine("停电天数{0}天", n);
            Console.ReadLine();
        }
    }
}
```

任务三：编写程序实现：从键盘输入正整数 s，从低位开始取出 s 中的奇数位上的数，依次构成一个新数 t，高位仍放在高位，低位仍放在低位，最后在屏幕上输出 t。例如，当 s 中的数为 7654321 时，t 中的数为 7531。

要求：使用循环结构语句实现。

程序：

```
using System;
using System.Collections.Generic;
using System.Linq;
using System.Text;
namespace shiti9_3
{
    class Program
    {
        static void Main(string[] args)
        {
```

```
/* long a, s = 0;
  Console.WriteLine("请输入数字:");
    a=long.Parse(Console.ReadLine());

    while (a % 10 > 0)
    {
        s += a % 10;
        if (a / 100 != 0)
        s = s * 10;
        a = a / 100;
    }
  Console.WriteLine("{0}",s);
  Console.ReadLine(); */
long a, s = 0;
Console.WriteLine("请输入数字:");
a = long.Parse(Console.ReadLine());
int n = 0;
while (a % 10 > 0)
{
    s = s + a % 10 * (long)Math.Pow(10, n);//pow函数产生的是double型
    a = a / 100;
    n++;
}
Console.WriteLine("{0}", s);
Console.ReadLine();
        }
    }
}
```

【试题 10】

任务一:从键盘上输入一个年份值和一个月份值,判断该月的天数(说明:一年有 12 个月,大月的天数是 31,小月的天数是 30。2 月的天数比较特殊,遇到闰年是 29 天,否则为 28 天)。

要求:使用分支结构语句实现。

程序:

```
using System;
using System.Collections.Generic;
using System.Linq;
using System.Text;

namespace 试题 10 任务 1
{
    class Program
```

```csharp
{
    static void Main(string[] args)
    {
        int year;
        int month;
        int numdays = 0;
        Console.WriteLine("请输入年份:");    //提示输入年份
        year = int.Parse(Console.ReadLine());    //从键盘接收一个整数
        Console.WriteLine("请输入月份:");    //提示输入月份
        month = int.Parse(Console.ReadLine());//从键盘接收一个长整数
        switch (month)
        {
            case 1:        //当月份为1,3,5,7,8,10,12时,该月的天数为31
            case 3:
            case 5:
            case 7:
            case 8:
            case 10:
            case 12:
                numdays = 31;
                break;
            case 2:        //当月份为2时,首先需要判断输入的年份是否为闰年,如果是闰年,则为29天,否则为28天
                {
                    if ((year % 4 == 0 && year % 100 != 0) || (year % 400 == 0))
                    {
                        numdays = 29;
                    }
                    else
                    {
                        numdays = 28;
                    }
                    break;
                }
            case 4:        //当月份为4,6,9,11时,该月的天数为30
            case 6:
            case 9:
            case 11:
                numdays = 30;
                break;
        }
        Console.WriteLine(year + "年的" + month + "月有" + numdays + "天!");
        Console.ReadLine();
```

			}
		}
}

　　任务二：假设一张足够大的纸，纸张的厚度为 0.5mm。请问对折多少次以后，可以达到珠穆朗玛峰的高度（最新数据：8844.43m）。请编写程序输出对折次数。

　　要求：使用循环结构语句实现，直接输出结果不计分。

　　程序：

```csharp
using System;
using System.Collections.Generic;
using System.Linq;
using System.Text;

namespace shiti10_2
{
    class Program
    {
        static void Main(string[] args)
        {
            double h = 8844.43 * 1000;  //珠穆朗玛峰的高度为 8844.43m
            double p = 0.5;    //一张纸一层的厚度为 0.5mm
            int sum = 0;
            while (true)
            {
                if (p < h)
                {
                    p *= 2;    //每折叠一次增加一倍高度
                    sum += 1;  //折叠一次
                }
                else
                    break;    //如果纸的高度等于或高于珠穆朗玛峰的高度就退出循环
            }
            Console.WriteLine("要对折{0}次", sum);
            Console.ReadLine();
        }
    }
}
```

　　任务三：编写程序输出 2～99 之间的同构数。同构数是指这个数为该数平方的尾数，例如 5 的平方为 25，6 的平方为 36，25 的平方为 625，则 5,6,25 都为同构数。

　　要求：调用带有一个输入参数的函数（或方法）实现，此函数（或方法）用于判断某个整数是否为同构数，输入参数为一个整型参数，返回值为布尔型。

　　程序：
using System;

```csharp
using System.Collections.Generic;
using System.Linq;
using System.Text;

namespace 试题10任务3同构数
{
    public class tonggoushu
    {
        public Boolean check(int n)
        {
            Boolean flag = false;//flag用于判断同构数其值为true是同构数其值为false不是同构数
            if ((n * n % 10 == n) || (n * n % 100 == n))
            {
                flag = true;
            }
            return flag;
        }
        class Program
        {
            static void Main(string[] args)
            {
                tonggoushu missionThree = new tonggoushu();
                for (int i = 2; i <= 99; i++)
                {
                    if (missionThree.check(i))
                    {
                        Console.WriteLine(i + "是同构数");
                    }

                }
                Console.ReadLine();
            }
        }
    }
}
```

【试题11】

任务一:某班同学上体育课,从1开始报数,共38人,老师要求按1,2,3重复报数,报数为1的同学往前走一步,而报数为2的同学往后退一步,试分别将往前走一步和往后退一步的同学的序号打印出来。

要求:用循环语句实现,直接输出结果不计分。

程序:

```
using System;
using System.Collections.Generic;
using System.Linq;
using System.Text;

namespace shiti11_1
{
    class Program
    {
        static void Main(string[] args)
        {
            Console.WriteLine("往前一步学生的序号为:");
            for (int i = 1; i <= 38; i++)
            {
                if (i % 3 == 1)        //报数为1的序号
                    Console.WriteLine(i + "  ");
            }
            Console.WriteLine();
            Console.WriteLine("退后一步学生的序号为:");
            for (int j = 1; j <= 38; j++)
            {
                if (j % 3 == 2)        //报数为2的序号
                    Console.WriteLine(j + "  ");
            }
            Console.ReadLine();
        }
    }
}
```

任务二：一个人，不小心打碎了一位妇女的一篮子鸡蛋。为了赔偿便询问篮子里有多少鸡蛋。那妇女说，她也不清楚，只记得每次拿两个则剩一个，每次拿3个则剩2个，每次拿5个则剩4个，若每个鸡蛋1元，请你帮忙编程，计算最少应赔多少钱？

要求：用循环语句实现，直接打印出结果不给分。

程序：

```
using System;
using System.Collections.Generic;
using System.Linq;
using System.Text;

namespace shiti11_2
{
    class Program
    {
```

```
static voidMain(string[] args)
{
    int i = 0;//循环变量
    Boolean flag = true;//标志变量
    while (flag)
    {
        i++;
        if (i % 2 == 1 && i % 3 == 2 && i % 5 == 4)
        {
            flag = false;
        }
    }
    Console.WriteLine("需要赔偿"+i+"元");
    Console.ReadLine();
}
}
}
```

任务三:寻找最大数经常在计算机应用程序中使用。例如:确定销售竞赛优胜者的程序要输入每个销售员的销售量,销量最大的员工为销售竞赛的优胜者,编写一个程序:从键盘输入 10 个数,打印出其中最大的数。

程序:

```
using System;
using System.Collections.Generic;
using System.Linq;
using System.Text;

namespace shiti11_3
{
    class Program
    {
        static void Main(string[] args)
        {
            int number;//保存当前数据
            int largest = 0;//保存最大数
            for (int i = 1; i <= 10; i++)
            {
                Console.WriteLine("输入第" + i + "个数");
                //    number = int.Parse(Console.ReadLine());
                number = Convert.ToInt32(Console.ReadLine());
                if (number > largest)
                {
```

```
                largest = number;
            }
        }
        Console.WriteLine("最大数为:" + largest);
        Console.ReadLine();
    }
  }
}
```

【试题 12】

任务一:从键盘接收一个整数 N,统计出 1~N 之间能被 7 整除的整数的个数,以及这些能被 7 整除的数的和。

屏幕提示样例:

请输入一个整数:20

1~20 之间能被 7 整除的数的个数:2

1~20 之间能被 7 整除的所有数之和:21

要求:整数 N 由键盘输入,且 2 ≤ N ≤ 1000。

程序:

```
using System;
using System.Collections.Generic;
using System.Linq;
using System.Text;

namespace shiti12_1
{
    class Program
    {
        static void Main(string[] args)
        {
            int sum = 0, count = 0;
            Console.Write("请输入一个整数:");
            int N = Convert.ToInt32(Console.ReadLine());
            for (int i = 1; i <= N; i++)
            {
                if (i % 7 == 0)
                {
                    count++;
                    sum += i;
                }
            }
            Console.WriteLine("1~{0}之间能被 7 整除的数的个数:{1}", N, count);
            Console.WriteLine("1~{0}之间能被 7 整除的所有数之和:{1}", N, sum);
```

```
            Console.ReadKey();
        }
    }
}
```

任务二：从键盘输入一个整数 N，打印出有 N*2－1 行的菱形。

例如输入整数 4，则屏幕输出为

```
         *
        * * *
       * * * * *
      * * * * * * *
       * * * * *
        * * *
         *
```

要求：①使用循环结构语句实现，直接输出不计分。②整数 N 由键盘输入，且 2 ≤ N ≤10。

程序：

```
using System;
using System.Collections.Generic;
using System.Linq;
using System.Text;

namespace shiti2_2
{
    class Program
    {
        static void Main(string[] args)
        {
            Console.Write("请输入一个整数:");
            int N = Convert.ToInt32(Console.ReadLine());
            if (N >= 2 && N <= 10)
            {
                //输出前 N 行
                for (int i = 1; i <= N; i++)
                {
                    for (int j = 1; j <= N - i; j++)
                    {
                        Console.Write(' ');
                    }
                    for (int j = 1; j <= 2 * i - 1; j++)
                    {   //第 i 行输出 2*i－1 个 *
                        Console.Write(" * ");
                    }
                    Console.WriteLine();    //输完 * 后，换行
```

```
            }
            //输出后 N-1 行
            for (int i = N - 1; i > 0; i--)
            {
                for (int j = 1; j <= N - i; j++)
                {
                    Console.Write(' ');
                }
                for (int j = 1; j <= 2 * i - 1; j++)
                {   //第 i 行输出 2*i-1 个 *
                    Console.Write(" * ");
                }
                Console.WriteLine();
            }
            Console.ReadKey();
        }
    }
}
```

任务三：编程实现判断一个整数是否为素数。所谓素数是一个大于 1 的正整数,除了 1 和它本身,该数不能被其他的正整数整除。

要求：用带有一个输入参数的函数(或方法)实现,返回值类型为布尔类型。

程序：

```
using System;
using System.Collections.Generic;
using System.Linq;
using System.Text;

namespace shiti12_3
{
    class Program
    {
        static void Main(string[] args)
        {
            Console.Write("请输入一个大于 0 的数:");
            int num = int.Parse(Console.ReadLine());
            if (isSuShu(num))
                Console.WriteLine("{0}是素数", num);
            else
                Console.WriteLine("{0}不是素数", num);
            Console.ReadKey();
        }
```

```
//以下为自定义函数
static Boolean isSuShu(int num)
{
    int i;
    Boolean leap = true;
    for (i = 2; i <= num / 2; i++)
    {
        if (num % i == 0)
        {
            leap = false;
            break;
        }
    }
    return leap;
}
}
```

【试题 13】

任务一:根据输入的成绩分数,输出相应的等级。学习成绩>=90 分的同学用 A 表示,60-89 分之间的用 B 表示,60 分以下的用 C 表示。

要求:使用分支结构语句实现。

程序:

```
using System;
using System.Collections.Generic;
using System.Linq;
using System.Text;
namespace shiti13_1
{
    class Program
    {
        static void Main(string[] args)
        {
            int n;
            char c;
            Console.WriteLine("请输入成绩(0~100)");
            n = int.Parse(Console.ReadLine());
            if (n >= 90)
            {
                c = 'A';
            }
            else if (n >= 60)
```

```
            {
                c = 'B';
            }
            else
            {
                c = 'C';
            }
            Console.WriteLine("你成绩的等级是" + c + "等");
            Console.ReadKey();
        }
    }
}
```

任务二:输入两个正整数 m 和 n,输出其最大公约数和最小公倍数。
要求:综合使用分支、循环结构语句实现。
程序:

```
using System;
using System.Collections.Generic;
using System.Linq;
using System.Text;
namespace shiti13_2
{
    class Program
    {
        static void Main(string[] args)
        {
            int a, b, num1, num2, temp;
            Console.WriteLine("please input two numbers:\n");
            num1 = int.Parse(Console.ReadLine());
            num2 = int.Parse(Console.ReadLine());
            if (num1 < num2)/*交换两个数,使大数放在 num1 上*/
            {
                temp = num1;
                num1 = num2;
                num2 = temp;
            }
            a = num1;
            b = num2;
            while (b != 0)/*利用辗转相除法,直到 b 为 0 为止*/
            {
                temp = a % b;
                a = b;
                b = temp;
```

```
            }
            Console.WriteLine("gongyueshu:{0}", a);
            Console.WriteLine("gongbeishu:{0}", num1 * num2 / a);
            Console.ReadKey();
        }
    }
}
```

任务三:使用选择排序法对数组中的整数按升序进行排序,如:
原始数组:a[]={1,8,9,6,4,2,5,0,7,3}
排序后: a[]={0,1,2,3,4,5,6,7,8,9}
要求:综合使用分支、循环结构语句实现,直接输出结果不计分。
程序:

```
using System;
using System.Collections.Generic;
using System.Linq;
using System.Text;
namespace shiti13_3
{
    class Program
    {
        static void Main(string[] args)
        {
            int[] a = new int[10] { 1, 8, 9, 6, 4, 2, 5, 0, 7, 3 };
            int i, j, t;
            for (j = 0; j < 9; j++)
                for (i = 0; i < 9 - j; i++)
                    if (a[i] > a[i + 1])
                    {
                        t = a[i];
                        a[i] = a[i + 1];
                        a[i + 1] = t;
                    }
            for (i = 0; i < 10; i++)
                Console.WriteLine(a[i]);
            Console.ReadKey();
        }
    }
}
```

【试题 14】

任务一:输入 3 个整数 x,y,z,请把这 3 个数由小到大输出。
要求:使用分支结构语句实现。

程序：
```csharp
using System;
using System.Collections.Generic;
using System.Linq;
using System.Text;

namespace shiti14_1
{
    class Program
    {
        static void Main(string[] args)
        {
            int x, y, z, t;
            Console.WriteLine("请输入第一个数:");
            x = int.Parse(Console.ReadLine());
            Console.WriteLine("请输入第二个数:");
            y = int.Parse(Console.ReadLine());
            Console.WriteLine("请输入第三个数:");
            z = int.Parse(Console.ReadLine());
            if (x > y)/*交换x,y的值*/
            {
                t = x; x = y; y = t;
            }
            if (x > z)/*交换x,z的值*/
            {
                t = z; z = x; x = t;
            }
            if (y > z)/*交换z,y的值*/
            {
                t = y; y = z; z = t;
            }
            Console.WriteLine("small to big:{0},{1},{2}", x, y, z);
            Console.ReadKey();
        }
    }
}
```

任务二：输入一行字符，输出其中的字母的个数。例如输入"Et2f5F218"，输出结果为4。
要求：综合使用分支、循环结构语句实现。
程序：
```csharp
using System;
using System.Collections.Generic;
using System.Linq;
```

```
using System.Text;

namespace shiti14_2
{
    class Program
    {
        static void Main(string[] args)
        {
            char c;
            int letters = 0;
            Console.WriteLine("请输入一串字符:");
            string str = Console.ReadLine();
            for (int i = 0; i < str.Length; i++)
            {
                c = char.Parse(str.Substring(i, 1));
                if (c >= 'a' && c <= 'z' || c >= 'A' && c <= 'Z')
                {
                    letters++;
                }
            }
            Console.WriteLine("在你输入的字符中字母的个数是:{0}", letters);
            Console.ReadKey();
        }
    }
}
```

任务三:输入整数 a 和 n,输出结果 s,其中 s 与 a,n 的关系是:s=a+aa+aaa+aaaa+aa...a,最后为 n 个 a。例如 a=2,n=3 时,s=2+22+222=246。

要求:①使用循环结构语句实现。②a 由键盘输入,且 2≤a≤9。③n 由键盘输入,且 2≤n≤9。

程序:

```
using System;
using System.Collections.Generic;
using System.Linq;
using System.Text;
namespace shiti14_3
{
    class Program
    {
        static void Main(string[] args)
        {
            int a, n, count = 1;
            int sum = 0; int t = 0;
```

```
            Console.WriteLine("please input n:");
            n = int.Parse(Console.ReadLine());
            Console.WriteLine("please input a:");
            a = int.Parse(Console.ReadLine());
            Console.WriteLine("a={0},n={1}n", a, n);
            while (count <= n)
            {
                t = t + a;
                sum = sum + t;
                a = a * 10;
                ++count;
            }
            Console.WriteLine("a+aa+...={0}\n", sum);
            Console.ReadLine();
        }
    }
}
```

【试题15】

任务一:输出100~999之间的所有素数。
要求:综合使用分支、循环结构语句实现。
程序:

```
using System;
using System.Collections.Generic;
using System.Linq;
using System.Text;

namespace shiti15_1
{
    class Program
    {
        static void Main(string[] args)
        {
            int m, i, k;
            bool leap;
            for (m = 100; m <= 999; m++)
            {
                leap = true;
                k = m / 2;
                for (i = 2; i <= k; i++)
                {
                    if (m % i == 0)
```

```
            {
                leap = false;
                break;
            }
        }
        if (leap)
        {
            Console.Write(m+"   ");
        }
    }
    Console.ReadKey();
  }
 }
}
```

任务二:输入一行字符,输出其中的数字的个数。例如输入"fwEt2f44F2k8",输出结果为5。

要求:综合使用分支、循环结构语句实现。

程序:
```
using System;
using System.Collections.Generic;
using System.Linq;
using System.Text;
namespace shiti15_2
{
    class Program
    {
        static void Main(string[] args)
        {
            char c;
            int letters = 0;
            Console.WriteLine("请输入一串字符:");
            string str = Console.ReadLine();
            for (int i = 0; i < str.Length; i++)
            {
                c = char.Parse(str.Substring(i, 1));
                if (c >= '0' && c <= '9')
                {
                    letters++;
                }
            }
            Console.WriteLine("在你输入的字符中,数字的个数是:{0}", letters);
            Console.ReadKey();
```

                }
            }
        }

任务三：当 n=5，求表达式为：1/1！+1/2！+1/3！+…+1/n！的值，保留 4 位小数位。其中 n！表示 n 的阶乘，例如 3！=3×2×1=6,5！=5×4×3×2×1=120。

程序：

方法 1：

```csharp
using System;
using System.Collections.Generic;
using System.Linq;
using System.Text;
namespace shiti5_3
{
    class Program
    {
        public static double power(int n)
        {
            if (n == 1 || n == 0)
                return 1;
            else
                return n * power(n - 1);
        }
        static void Main(string[] args)
        {
            //int n = 5;//默认值为 5;
            int n;
            Console.WriteLine("请输入 n 的值:");
            n = Convert.ToInt32(Console.ReadLine());
            double sum = 0;
            for (int i = 1; i <= n; i++)
            {
                sum += (float)1 / (i * power(i - 1));
            }
            Console.WriteLine(Math.Round(sum, 4));
            Console.ReadLine();
        }
    }
}
```

方法 2：

```csharp
using System;
using System.Collections.Generic;
using System.Linq;
```

```
using System.Text;
namespace shiti15_3
{
    class Program
    {
        static void Main(string[] args)
        {
            double a;
            Console.WriteLine("请输入一个数");
            a = double.Parse(Console.ReadLine());
            Double n, s = 0, t = 1;
            for (n = 1; n <= a; n++)
            {
                t *= n;
                s += 1 / t;
            }
            Console.WriteLine("1+1/2!+1/3!...+1/n! ={0}\n", Math.Round(s, 4));
            Console.ReadKey();
        }
    }
}
```

【试题 16】

任务一:使用循环语句打印出如下图案。

*
* *
* * * *
* * * * * *

要求:使用循环结构语句实现。

程序:

```
using System;
using System.Collections.Generic;
using System.Linq;
using System.Text;
namespace 试题16任务1星形输出
{
    class Program
    {
        static void Main(string[] args)
        {
            for (int i = 0; i < 4; i++)
            {
```

```
                for (int j = 0; j < i * 2 + 1; j++)
                {
                    Console.Write(" * ");
                }
                Console.WriteLine();
            }
            Console.ReadLine();
        }
    }
}
```

任务二：输出 1+2！+3！+...+20！的结果。
要求：使用循环结构语句实现。
程序：

```
using System;
using System.Collections.Generic;
using System.Linq;
using System.Text;
namespace 试题16 任务二 1 到 20 阶乘和
{
    class Program
    {
        static void Main(string[] args)
        {
            float n, s = 0, t = 1;
            for (n = 1; n <= 20; n++)
            {
                t *= n;
                s += t;
            }
            Console.WriteLine ("1+2! +3!...+20! ={0}\n", s);
            Console.ReadKey();
        }
    }
}
```

任务三：输入一个不多于5位的正整数，要求：①输出它是几位数；②逆序打印出各位数字。例如，输入256，则先输出3，再输出652。
要求：使用分支或循环结构语句实现。
程序：

```
using System;
using System.Collections.Generic;
using System.Linq;
using System.Text;
```

```csharp
namespace 试题16任务三输入正整数输出它是几位数逆序打印各位数字
{
    class Program
    {
        static void Main(string[] args)
        {
            long a, b, c, d, e, x;
            Console.WriteLine("请输入一个不超过5位的正整数");
            x = long.Parse(Console.ReadLine());
            a = x / 10000;/*分解出万位*/
            b = x % 10000 / 1000;/*分解出千位*/
            c = x % 1000 / 100;/*分解出百位*/
            d = x % 100 / 10;/*分解出十位*/
            e = x % 10;/*分解出个位*/
            if (a != 0)
            {
                Console.WriteLine ("这是一个5位数其逆序是：{0}{1}{2}{3}{4}\n", e, d, c, b, a);
            }
            else if (b != 0)
            {
                Console.WriteLine("这是一个4位数其逆序是：{0}{1}{2}{3}\n", e, d, c, b);
            }
            else if (c != 0)
            {
                Console.WriteLine(" 这是一个3位数其逆序是:{0}{1}{2}\n", e, d, c);
            }
            else if (d != 0)
            {
                Console.WriteLine("t这是一个2位数其逆序是:{0}{1}\n", e, d);
            }
            else if (e != 0)
            {
                Console.WriteLine(" 这是一个1位数其值为:{0}\n", e);
            }
            Console.ReadLine();
        }
    }
}
```

【试题17】

任务一:使用循环语句打印出如下图案。

```
* * * * * * *
* * * * *
* * *
*
```

要求：使用循环结构语句实现。

程序：

```
using System;
using System.Collections.Generic;
using System.Linq;
using System.Text;
namespace 试题17任务一
{
    class Program
    {
        static void Main(string[] args)
        {
            for (int i = 4; i > 0; i--)
            {
                for (int j = 0; j < i * 2 - 1; j++)
                {
                    Console.Write(" * ");
                }
                Console.WriteLine();
            }
            Console.ReadKey();
        }
    }
}
```

任务二：编写程序实现：①定义一个大小为10的整形数组a；②从键盘输入10个整数，放置到数组a中；③输出数组a中的最大值。

要求：使用数组、循环结构语句实现。

程序：

```
using System;
using System.Collections.Generic;
using System.Linq;
using System.Text;

namespace 试题17任务二求10个数组元素最大值
{
    class Program
    {
        static void Main(string[] args)
```

```
        {
            Console.WriteLine("请输入 10 个整数:");
            int[] a = new int[10];
            for (int i = 0; i < 10; i++)
            {
                a[i] = int.Parse(Console.ReadLine());
            }
            int max = a[0];
            for (int j = 0; j < 10; j++)
            {
                if (max < a[j])
                {
                    max = a[j];
                }
            }
            Console.WriteLine("最大值是:{0}", max);
            Console.ReadKey();
        }
    }
}
```

任务三:请编写函数(或方法)fun,其功能是:计算正整数 n 的各位上的数字之积,将结果放到 c 中。

例如,n=256,则 c=2×5×6=60;n=50,则 c=5×0=0;

其中,n 为函数(或方法)fun 的输入参数,c 为函数(或方法)fun 的返回值。

程序:

```
using System;
using System.Collections.Generic;
using System.Linq;
using System.Text;
namespace 试题 17 任务三计算正整数 n 的各位上的数字之积
{
    class Program
    {
        static void Main(string[] args)
        {
            int num;
            Console.WriteLine("请输入整数");
            num = int.Parse(Console.ReadLine());
            Console.WriteLine("该整数各位数字之积是{0}", fun(num));
            Console.ReadLine();
        }
        static int fun(int x)
```

```
        {
            int c = 1, d;
            while (true)
            {
                d = x % 10;
                c = c * d;
                x = x / 10;
                if (x == 0)
                    break;
            }
            return c;
        }
    }
}
```

【试题 18】

任务一:有 1,2,3,4 个数字,能组成多少个互不相同且无重复数字的 3 位数? 要求输出所有可能的 3 位数。

要求:使用循环结构语句实现。

程序:

```
using System;
using System.Collections.Generic;
using System.Linq;
using System.Text;
namespace 试题18任务1
{
    class Program
    {
        static void Main(string[] args)
        {
            int i, j, k;
            Console.WriteLine();
            for (i = 1; i < 5; i++)
            {
                for (j = 1; j < 5; j++)
                {
                    for (k = 1; k < 5; k++)
                    {
                        if (i != k && i != j && j != k)/*确保i、j、k三位互不相同*/
                            Console.Write("{0}{1}{2}    ", i, j, k);
                    }
                }
```

            }
            Console.ReadLine();
        }
    }
}

任务二:编写程序实现:①定义一个大小为 10 的整形数组 a;②从键盘输入 10 个整数,放置到数组 a 中;③将数组 a 中的元素从小到大排序;④输出排序后数组 a 的所有元素值。

要求:使用数组、循环结构语句实现。

程序:

```csharp
using System;
using System.Collections.Generic;
using System.Linq;
using System.Text;
namespace 试题18任务二
{
    class Program
    {
        static void Main(string[] args)
        {
            int i, j, t;
            int[] a = new int[10];
            Console.WriteLine("请输入10个整数:");
            for (i = 0; i < 10; i++)
            {
                a[i] = int.Parse(Console.ReadLine());
            }
            /* 冒泡法排序 */
            for (i = 0; i < 9; i++)
            {
                for (j = 0; j < 10 - i - 1; j++)
                {
                    if (a[j] > a[j + 1])
                    {
                        t = a[j];/* 交换 a[i]和 a[j] */
                        a[j] = a[j + 1];
                        a[j + 1] = t;
                    }
                }
            }
            Console.WriteLine("排序后的数列是:");
            for (i = 0; i < 10; i++)
                Console.WriteLine("{0} ", a[i]);
```

               Console.ReadLine();
            }
        }
    }

任务三:编写函数(或方法)实现:根据指定的 n,返回相应的斐波纳契数列。

说明:斐波纳契数列为:0,1,1,2,3,5,8,13,21…

即从 0 和 1 开始,其后的任何一个斐波纳契数都是它前面两个数之和。例如 n=6,则返回数列 0,1,1,2,3,5

要求:使用函数(或方法)实现,原型为 int[] getFibonacciSeries(int n)

程序:

```
using System;
using System.Collections.Generic;
using System.Linq;
using System.Text;
namespace 试题18任务三
{
    class Program
    {
        static void Main(string[] args)
        {
            Console.Write("请输入一个整数以确定斐波纳契数列:");
            int number = 0;
            number = int.Parse(Console.ReadLine());
            int[] a = new int[number];
            a = getFibonacciSeries(number);
            Console.WriteLine("经计算"+number+"位的斐波纳契数列如下");
            for (int i = 0; i < number; i++)
            { Console.Write(a[i] + " "); }
            Console.ReadLine();
        }
        public static int [] getFibonacciSeries(int n)
        {
            int[] a = new int[n];
            if (n == 1)
            {
                a[0] = 0;
                return a;
            }
            else
            {
                a[0] = 0;
                a[1] = 1;
```

```
            for (int i = 2; i < n; i++)
            {
                a[i] = a[i - 2] + a[i - 1];
            }
            return a;
        }
    }
}
```

【试题 19】

任务一:编写程序实现:商店卖西瓜,20 斤以上的每斤 0.85 元;重于 15 斤轻于等于 20 斤的,每斤 0.90 元;重于 10 斤轻于等于 15 斤的,每斤 0.95 元;重于 5 斤轻于等于 10 斤的,每斤 1.00 元;轻于或等于 5 斤的,每斤 1.05 元。输入西瓜的重量和顾客所付钱数,输出应付货款和应找钱数。

要求:使用分支结构语句实现。

程序:

```
using System;
using System.Collections.Generic;
using System.Linq;
using System.Text;

namespace shiti19_1
{
    class Program
    {
        static void Main(string[] args)
        {
            double weight, money, pay;
            Console.WriteLine("请输入西瓜重量:");
            weight = float.Parse(Console.ReadLine());
            Console.WriteLine("请输入顾客所付钱数:");
            money = float.Parse(Console.ReadLine());
            if (weight <= 5 && weight >= 0)
            {
                pay = weight * 1.05;
            }
            else if (weight <= 10)
            {
                pay = weight * 1;
            }
            else if (weight <= 15)
```

```
                {
                    pay = weight * 0.95;
                }
                else if (weight <= 20)
                {
                    pay = weight * 0.9;
                }
                else
                {
                    pay = weight * 0.85;
                }
                Console.WriteLine("应付货款为{0}", pay);
                Console.WriteLine("应找钱数为:{0}", money - pay);
                Console.ReadLine();
            }
        }
    }
```

任务二:学校有近千名学生,在操场上排队,5 人一行余 2 人,7 人一行余 3 人,3 人一行余 1 人,编写一个程序求该校的学生人数。

要求:使用分支、循环结构语句实现,直接输出结果不计分。

程序:

```
using System;
using System.Collections.Generic;
using System.Linq;
using System.Text;
namespace shiti19_2
{
    class Program
    {
        static void Main(string[] args)
        {
            int num = 0;
            for (int i = 900; i < 1000; i++)
            {
                if (i % 5 == 2 && i % 7 == 3 && i % 3 == 1)
                {
                    num = i;
                    break;
                }
            }
            Console.WriteLine("学校人数为:{0}", num);
```

```
            Console.ReadKey();
        }
    }
}
```

任务三:已知 xyz+yzz=532,其中 x,y,z 均为一位数,编写一个程序求出 x,y,z 分别代表什么数字。

要求:使用分支、循环结构语句实现,直接输出结果不计分。

程序:
```
using System;
using System.Collections.Generic;
using System.Linq;
using System.Text;
namespace shiti19_3
{
    class Program
    {
        static void Main(string[] args)
        {
            for (int x = 1; x <= 9; x++)
            {
                for (int y = 1; y <= 9; y++)
                {
                    for (int z = 0; z <= 9; z++)
                    {
                        int num1 = 100 * x + 10 * y + z;
                        int num2 = 100 * y + 10 * z + z;
                        if (num1 + num2 == 532)
                        {
                            Console.WriteLine("x={0},y={1},z={2}", x, y, z);
                        }
                    }
                }
            }
            Console.ReadKey();
        }
    }
}
```

【试题 20】

任务一:编写函数(或方法)实现:数组 A 是函数(或方法)的输入参数,将数组 A 中的数据元素序列逆置后存储到数组 B 中,然后将数组 B 做为函数(或方法)的返回值返回。所谓逆置是把(a_0, a_1, …, a_{n-1})变为(a_{n-1}, …, a_1, a_0)。

要求:使用函数(或方法)实现,原型为 int[] niZi(int[] A)
程序:
```csharp
using System;
using System.Collections.Generic;
using System.Linq;
using System.Text;

namespace shiti20_1
{
    class Program
    {
        static void Main(string[] args)
        {
            int[] a = new int[5] { 1, 2, 3, 4, 5 };
            int [] b=NiZi(a);
            Console.Write("数组 b 元素为:");
            foreach(int i in b)
                Console.Write(i+" ");
            Console.ReadLine();
        }
        static int[] NiZi(int[] a)
        {
            int n = a.Length;
            int[] b = new int[n];
            for (int i = 0; i < n; i++)
            {
                b[i] = a[n - i - 1];
            }
            return b;
        }
    }
}
```

任务二:编写一个程序求出 200~300 之间的数,且满足条件:它们 3 个数字之积为 42,3 个数字之和为 12。

要求:使用分支、循环结构语句实现,直接输出结果不计分。

程序:
```csharp
using System;
using System.Collections.Generic;
using System.Linq;
using System.Text;
```

```
namespace 试题20任务2三个数字之积为42_三个数字之和为12_
{
    class Program
    {
        static void Main(string[] args)
        {
            int x=2;
            for(int y=0;y<=9;y++)
            {
                for(int z=0;z<=9;z++)
                {
                    int num1 = x * y * z;
                    int num2 = x+y+z;
                    if(num1==42&&num2==12)
                    {
                        Console.WriteLine("这个数字可以是:{0}{1}{2}",x,y,z);
                    }
                }
            }
            Console.ReadLine();
        }
    }
}
```

任务三:小明今年12岁,他母亲比他大20岁。编写一个程序计算出他母亲的年龄在几年后是他年龄的2倍,那时他们两人的年龄各多少?

要求:使用分支、循环结构语句实现,直接输出结果不计分。

程序:

```
using System;
using System.Collections.Generic;
using System.Linq;
using System.Text;
namespace 试题20任务三母亲的年龄在几年后是他年龄的2倍
{
    class Program
    {
        static void Main(string[] args)
        {
            int x1 = 12, x2 = 32;
            int i = 1;
            while (true)
            {
```

```
            if ((x1 + i) * 2 == (x2 + i))
                break;
            i++;
        }
        Console.WriteLine("{0}年后,小明母亲的年龄是他的2倍.", i);
        Console.WriteLine("小明的年龄是{0},小明母亲的年龄是{1}.", x1 + i, x2 + i);
        Console.ReadLine();
    }
}
```

【试题 21】

任务一:编写程序计算购买图书的总价格:用户输入图书的定价和购买图书的数量,并分别保存到一个 float 和一个 int 类型的变量中,然后根据用户输入的定价和购买图书的数量,计算合计购书金额并输出。其中,图书销售策略为:正常情况下按 9 折出售,购书数量超过 10 本打 85 折,超过 100 本打 8 折。

要求:使用分支结构实现上述程序功能。

程序:

方法 1:

```
using System;
using System.Collections.Generic;
using System.Linq;
using System.Text;

namespace shiti21_1
{
    class BookPrice
    {
        static void Main(string[] args)
        {
            float price = 0.0f, totalprice = 0.0f;
            int num = 0;
            Console.WriteLine("请输入书的定价:");
            price = float.Parse(Console.ReadLine());
            Console.WriteLine("请输入要购买书的数量:");
            num = Int32.Parse(Console.ReadLine());
            if (num > 0)
            {
                int i = num / 10;
                switch (i)
                {
                    case 0:
```

```
                            totalprice = num * price * 0.9f;
                            break;
                    case 1:
                    case 2:
                    case 3:
                    case 4:
                    case 5:
                    case 6:
                    case 7:
                    case 8:
                    case 9:
                            totalprice = num * price * 0.85f;
                            break;
                    default:
                            totalprice = num * price * 0.8f;
                            break;
                }
                Console.WriteLine("你所购买的书的总价格为:¥" + totalprice + "元");
            }
            else
            {
                Console.WriteLine("你输入的数不正确。");
            }
            Console.ReadLine();
        }
    }
}
```

方法2：
```
using System;
using System.Collections.Generic;
using System.Linq;
using System.Text;

namespace shiti21_1
{
    class BookPrice
    {
        static void Main(string[] args)
        {
            float price = 0.0f, totalprice = 0.0f;
            int num = 0;
            Console.WriteLine("请输入书的定价:");
            price = float.Parse(Console.ReadLine());
```

```csharp
            Console.WriteLine("请输入要购买书的数量:");
            num = Int32.Parse(Console.ReadLine());
            if (num > 0 && num < 10)
            {
                totalprice = num * price * 0.9f;

                Console.WriteLine("你所购买的书的总价格为:¥" + totalprice + "元");
            }
            else if(num >= 10 && num < 100)

            {
                totalprice = num * price * 0.85f;

                Console.WriteLine("你所购买的书的总价格为:¥" + totalprice + "元");
            }
            else
                {
                    totalprice = num * price * 0.8f;

                Console.WriteLine("你所购买的书的总价格为:¥" + totalprice + "元");
                }
                Console.ReadLine();
        }
    }
}
```

任务二:所谓回文数是从左至右与从右至左读起来都是一样的数字,如:121 是一个回文数。编写程序,求出 100~200 的范围内所有回文数的和。

要求:使用循环结构语句实现,直接输出结果不计分。

程序:

```csharp
using System;
using System.Collections.Generic;
using System.Linq;
using System.Text;

namespace shiti21_2
{
    class Palindromic
    {
        static void Main(string[] args)
        {
            int num = 0;
            int totalsum = 0;
```

```csharp
            Console.Write("100 到 200 内的回文数有:");
            for (int i = 101; i < 200; i++)
            {
                if (i / 100 == i % 10)
                    Console.Write(i+" ");
                    totalsum += i;
            }
            Console.WriteLine();
            Console.WriteLine("100 到 200 内所有回文数的和为:" + totalsum);
            Console.ReadKey();
        }
    }
}
```

任务三:分析下列数据的规律,编写程序完成如下所示的输出。

```
1
1  1
1  2  1
1  3  3  1
1  4  6  4  1
1  5  10 10 5  1
```

要求:使用递归函数(或方法)实现,递归函数(或方法)有两个输入参数,返回值类型为整型。

程序:

```csharp
using System;
using System.Collections.Generic;
using System.Linq;
using System.Text;

namespace 试题 21 任务三数据的规律
{
    class Program
    {
        static int f(int m, int n)
        {
            if (m == 0) return 1;
            if (n == 0 || n == m) return 1;
            return f(m - 1, n - 1) + f(m - 1, n);
        }
        static void Main(string[] args)
        {
            int i, j;
            for (i = 0; i < 6; i++)
```

```
            {
                for (j = 0; j <= i; j++)
                    Console.Write(f(i, j).ToString() + "\t");
                Console.WriteLine();
            }
            Console.ReadKey();


        }
    }
}
```

【试题 22】

任务一:根据如下要求计算机票优惠率,并输出。

输入:用户依次输入月份和需要订购机票的数量,分别保存到整数变量 month 和 sum 中。

计算规则如下:

航空公司规定在旅游的旺季 7~9 月份,如果订票数超过 20 张,票价优惠 15%,20 张以下,优惠 5%;在旅游的淡季 1~5 月份、10 月份、11 月份,如果订票数超过 20 张,票价优惠 30%,20 张以下,优惠 20%;其他情况一律优惠 10%。

输出:根据输入月份和需要订购机票的数量,输出优惠率。

要求:使用分支结构实现上述程序功能。

程序:

```
using System;
using System.Collections.Generic;
using System.Linq;
using System.Text;

namespace shiti22_1
{
    class TicketRate
    {
        static void Main(string[] args)
        {
            int month, sum;
            float rate;
            Console.WriteLine("请输入购买机票的月份:");
            month = Convert.ToInt32(Console.ReadLine());
            Console.WriteLine("请输入购买机票的数量:");
            sum = Convert.ToInt32(Console.ReadLine());
            switch (month)
            {
                case 1:
                case 2:
```

```
            case 3:
            case 4:
            case 5:
            case 10:
            case 11:
                if (sum > 20)
                    rate = 0.3f;
                else
                    rate = 0.2f;
                break;
            case 7:
            case 8:
            case 9:
                if (sum > 20)
                    rate = 0.15f;
                else
                    rate = 0.05f;
                break;
            default:
                rate = 0.1f;
                break;
        }
        Console.WriteLine("本次机票优惠率为:" + rate.ToString());
        Console.ReadKey();
    }
}
```

任务二:计算 π 的近似值。

计算公式如下: $\pi = 4 \times \left(1 - \frac{1}{3} + \frac{1}{5} - \frac{1}{7} + \cdots\right)$

要求:使用循环结构语句实现,直接输出结果不计分。

程序:

```
using System;
using System.Collections.Generic;
using System.Linq;
using System.Text;
namespace shiti22_2
{
    class PIValue
    {
        static void Main(string[] args)
        {
            int i = 1;
```

```
                double e = 0.0, t = 1.0;
                double pi = 0.0;
                while (1 / t >= Math.Pow(10, -6))
                {
                    t = 2 * i - 1;
                    if (i % 2 != 0)
                        e += 1 / t;
                    else
                        e -= 1 / t;
                    i++;
                }
                pi = 4 * e;
                Console.WriteLine("PI 的近视值为:" + pi);
                Console.ReadKey();
            }
        }
    }
```

任务三:验证 18 位身份证号码并判断身份证主人的性别,身份证号码的规则为:

(1)前 17 位全部由数字组成,最后一位为数字或者字符'X',一个字符 ch 为数字的条件为:ch>='0' && ch<='9';

(2)第 17 位数为奇数表示性别为男,偶数表示性别为女。

输入:从键盘输入一个 18 位的身份证号码保存到字符数组 Card 中。

输出:主人性别。

程序:

方法 1:

```
using System;
using System.Collections.Generic;
using System.Linq;
using System.Text;
namespace shiti22_3
{
    class IdentitySex
    {
        static void Main(string[] args)
        {
            int i = 0;
            char ch;
            Console.WriteLine("请输入 18 位身份证号码:");
            char[] Card = Console.ReadLine().ToCharArray();
            if (Card.Length != 18)
            {
                Console.WriteLine("号码格式不正确");
```

```csharp
                    Console.ReadLine();
                }
                else
                    for (i = 0; i < Card.Length - 1; i++)
                    {
                        ch = Card[i];
                        if (ch <= '9' && ch >= '0' || Card[16] == 'x')
                        {
                            continue;
                        }
                        else
                        {
                            Console.WriteLine("号码格式不正确");
                            Console.ReadLine();
                            break;
                        }
                    }
                if (Card[16] % 2 == 0)
                    Console.WriteLine("性别为女");
                else
                    Console.WriteLine("性别为男");
                Console.ReadLine();
            }
        }
    }
}
```

方法2：
```csharp
using System;
using System.Collections.Generic;
using System.Linq;
using System.Text;
namespace shiti22_3
{
    class IdentitySex
    {
        static void Main(string[] args)
        {
            char ch;
            Console.WriteLine("请输入一串字符:");
            string str = Console.ReadLine();
            if (str.Length != 18)
            {
                Console.WriteLine("号码格式不正确");
                Console.ReadLine();
```

```csharp
            }
            else
            for (int i = 0; i < str.Length; i++)
            {
                ch = char.Parse(str.Substring(i, 1));
                if (ch >= '0' && ch <= '9' || str[17] == 'x')
                    continue;
                else
                {
                    Console.WriteLine("号码格式不正确");
                    Console.ReadLine();
                    break;

                }
            }
                if (str[16] % 2 == 0)
                    Console.WriteLine("性别为女");
                else
                    Console.WriteLine("性别为男");
                Console.ReadLine();
        }
    }
```

【试题 23】

任务一:编写程序实现:输入一个整数,判断它能否被 3,5,7 整除,并输出以下信息之一:
- 能同时被 3,5,7 整除。
- 能同时被 3,5 整除。
- 能同时被 3,7 整除。
- 能同时被 5,7 整除。
- 只能被 3,5,7 中的一个整除。
- 不能被 3,5,7 任一个整除。

要求:使用分支结构语句实现。
程序:

```csharp
using System;
using System.Collections.Generic;
using System.Linq;
using System.Text;

namespace 试题 23 任务一能被 3,5,7 整除
{
    class Program
```

```csharp
    {
        static void Main(string[] args)
        {
            int x;
            Console.Write("请输入一个整数:\n");
            x = int.Parse(Console.ReadLine());
            if ((x % 3 == 0) && (x % 5 == 0) && (x % 7 == 0))
            {
                Console.Write("能同时被3,5,7整除\n");
            }
            else if ((x % 3 == 0) && (x % 5 == 0))
            {
                Console.Write("能同时被3,5整除\n");
            }
            else if ((x % 3 == 0) && (x % 7 == 0))
            {
                Console.Write("能同时被3,7整除\n");
            }
            else if ((x % 5 == 0) && (x % 7 == 0))
            {
                Console.Write("能同时被5,7整除\n");
            }
            else if ((x % 3 == 0) || (x % 5 == 0) || (x % 7 == 0))
            {
                Console.Write("只能被3,5,7中的一个整除\n");
            }
            else
            {
                Console.Write("不能被3,5,7任一个整除\n");
            }
            Console.ReadKey();
        }
    }
}
```

任务二:使用冒泡排序法对数组中的整数按升序进行排序,如:
原始数组:a[]={1,9,3,7,4,2,5,0,6,8}
排序后： a[]={0,1,2,3,4,5,6,7,8,9}
要求:综合使用分支、循环结构语句实现,直接输出结果不计分。
程序:
using System;
using System.Collections.Generic;
using System.Linq;

```
using System.Text;
    class BubbleSort
    {
        static void Main(string[] args)
        {
            int[] a = { 1,9,3,7,4,2,5,0,6,8};
            for (int i = 0; i < 10; i++)
            {
                for (int j = 0; j < 10-i-1; j++)
                {
                    if (a[j] > a[j+1])
                    {
                        int temp = a[j];
                        a[j] = a[j+1];
                        a[j+1] = temp;
                    }
                }
            }
            for (int i = 0; i < 10; i++)
                Console.Write(a[i] + "  ");
            Console.ReadLine();
        }
    }
```

任务三：编程实现以下要求。n个人围坐成一个圆圈报数。第一个人报数1，第2个人报数2，依次类推，报数为m的人出列；接下来的人重新报数，出列人旁的下一个人报数1，第2个人报数2，依次类推，报数为m的人出列；直到圈中只剩下一个人，该人出列。例如：共有5个人，数到3出列，则出列顺序为：原先3号位置的人、原先1号位置的人、原先5号位置的人、原先2号位置的人、原先4号位置的人。

要求：用带有两个输入参数（一个总人数n，一个为计数m）的函数（或方法）实现，返回值类型为数组。

程序：

```
using System;
using System.Collections.Generic;
using System.Linq;
using System.Text;
class Counter
{
    static void counting(int m, int n)
    {
        int[] a = new int[m];
        int[] b = new int[m];
        for (int c = 0; c < m; c++)
```

```
            b[c] = c + 1;
        int sum = m;//共有5个人；
        int k = n;//每次数到3就退出；
        int count = 0;//记录退出的人数；
        int i = 0, j = 0;
        for (int t = 0; t < sum; t++)
            a[t] = 1;//数组元素全部初始化为1；
        while (count < sum - 1)
        {
            if (a[i] ! = 0)
                j++;
            if (j == k)
            {
                Console.WriteLine(b[i]);
                a[i] = 0;
                count++;
                j = 0;//重新开始,找下一个值！
            }
            i++;
            if (i == sum)
                i = 0;//实现环(即围成一圈)；
        }
    }
    static void Main(string[] args)
    {
        int m;
        int n;
        Console.Write("输入总人数:");
        m = Convert.ToInt32(Console.ReadLine());
        Console.Write("输入计数:");
        n = Convert.ToInt32(Console.ReadLine());
        counting(m, n);
        Console.ReadLine();
    }
}
```

【试题24】

任务一:输入一个年度,判断是否是闰年。例如,2000是闰年,1900不是闰年,1904是闰年。

要求:使用分支结构语句实现。

提示:闰年的满足条件:①能整除4且不能整除100；②能整除400。

程序:

方法 1：
```
using System;
using System.Collections.Generic;
using System.Linq;
using System.Text;
class LeapYear
{
    static void Main(string[] args)
    {
        int year = 0;
        Console.Write("请输入年度:");
        year = Convert.ToInt32(Console.ReadLine());
        if (year % 4 == 0)
        {
            if (year % 100 == 0 && year % 400 != 0)
                Console.WriteLine("不是闰年");
            else
                Console.WriteLine("是闰年");
        }
        else
        {
            Console.WriteLine("不是闰年");
        }
        Console.ReadLine();
    }
}
```

方法 2：
```
using System;
using System.Collections.Generic;
using System.Linq;
using System.Text;
class LeapYear
{
    static void Main(string[] args)
    {   int year = 0;
        Console.Write("请输入年度:");
        year = Convert.ToInt32(Console.ReadLine());
        if (year%4==0&&year % 100! = 0 && year % 400 ! = 0||year % 400 == 0)
            Console.WriteLine("是闰年");
        else
            Console.WriteLine("不是闰年");
            Console.ReadLine();
    }
```

任务二:输出杨辉三角形,如下图所示:

```
            *
           * *
          * * *
         * * * * *
        * * * * * *
       * * * * * * *
      * * * * * * * *
```

要求:使用循环结构语句实现,直接输出结果不计分。

程序:

```csharp
using System;
using System.Collections.Generic;
using System.Linq;
using System.Text;
namespace shiti24_2
{
    class Triangle
    {
        static void Main(string[] args)
        {
            int count = 7;
            for (int i = 0; i < count; i++)
            {
                int j = 0;
                for (j = 0; j < (count - (i + 1)); j++)
                    Console.Write(" ");
                for (j = 0; j < (2 * i + 1); j++)
                    Console.Write(" * ");
                for (j = 0; j < (count - (i + 1)); j++)
                    Console.Write(" ");

                Console.WriteLine();
            }
            Console.ReadLine();

        }
    }
}
```

任务三:编程实现判断一个字符串是否是"回文串"。所谓"回文串"是指一个字符串的第一位与最后一位相同,第二位与倒数第二位相同。例如:"159951","19891"是回文串,而"2011"不是。

要求:用带有一个输入参数的函数(或方法)实现,返回值类型为布尔类型。
程序:
方法 1:

```
using System;
using System.Collections.Generic;
using System.Linq;
using System.Text;
class LoopString
{
    static Boolean isLoop(String text)
    {
        char[] chars = text.ToCharArray();
        int count = chars.Length / 2;
        int length = chars.Length;
        for (int i = 0; i < count; i++)
        {
            if (chars[i] != chars[length - i - 1])
                return false;
        }
        return true;
    }

    static void Main(string[] args)
    {
        Console.Write("请输入字符串:");
        String s = Console.ReadLine();
        Console.WriteLine(isLoop(s));
        Console.ReadLine();
    }
}
```

方法 2:

```
using System;
using System.Collections.Generic;
using System.Linq;
using System.Text;
class LoopString
{
    static Boolean isLoop(String text)
    {
        // char[] chars = text.ToCharArray();
        int count = text.Length / 2;
        int length = text.Length;
```

```
            for (int i = 0; i < count; i++)
            {
                if (text[i] != text[length - i - 1])
                    return false;
            }
            return true;
        }
        static void Main(string[] args)
        {
            Console.Write("请输入字符串:");
            String s = Console.ReadLine();
            Console.WriteLine(isLoop(s));
            Console.ReadLine();
        }
    }
}
```

【试题 25】

任务一:编写程序输出一文件的文件名和目录名:
(1)文件路径和文件名为 c:\docfiles\a.doc。
(2)定义函数名为 splitpath,并将相关参数设为输出型参数。
注:输出型参数与引用型参数的区别是,调用方法前不需要对输出型参数变量进行初始化
程序:

```
using System;
using System.Collections.Generic;
using System.Linq;
using System.Text;
namespace 输入参数
{
    class Program
    {
        static void splitpath(string path, out string dir, out string name)
        { int i = path.Length;
            while (i > 0)
            {
                char ch = path[i - 1];
                if(ch=='/'||ch==':'||ch=='\\')
                    break;
                i--;
            }
            dir=path.Substring(0,i);
            name=path.Substring(i);
        }
```

```csharp
        static void Main(string[] args)
        {
            string path=@"c:\docfiles\a.doc";
            string dir,filename;
            splitpath(path,out dir,out filename);
            Console.WriteLine("目录为:{0},文件名为:{1}",dir,filename);
            Console.ReadKey();
        }
    }
}
```

任务二:使用操作符重载重定义＋ － ＊ /,并对相关数据进行分式运算。

程序:

```csharp
using System;
using System.Collections.Generic;
using System.Linq;
using System.Text;

namespace 操作符重载
{
    public class fraction
    {
        private int num,den;
        public fraction(int num,int den)
        {
            this.num = num;
            this.den = den;
        }
        public static fraction operator +(fraction a,fraction b)
        {
            return new fraction(a.num * b.den + b.num * a.den, a.den * b.den);
        }
        public static fraction operator -(fraction a,fraction b)
        {
            return new fraction(a.num * b.den - b.num * a.den, a.den * b.den);
        }
        public static fraction operator *(fraction a,fraction b)
        {
            return new fraction(a.num * b.num, a.den * b.den);
        }
        public static fraction operator /(fraction a,fraction b)
        {
            return new fraction(a.num * b.den, a.den * b.num);
        }
```

```csharp
        public static implicit operator double(fraction f)    //implicit 用于声明隐式的用户定义类型转换运算符
        {
            return (double)f.num / f.den;
        }
    }
    class Program
    {
        static void Main(string[] args)
        {
            fraction a = new fraction(1, 2);
            fraction b = new fraction(3, 4);
            fraction c = new fraction(3, 5);
            double q=a;
            double w=b;
            double z=c;
            Console.WriteLine("a={0},b={1},c={2}", q, w, z);
            double e = a * (b - c) / c;
            Console.WriteLine("a*(b-c)/c={0}", e);
            fraction x = a * b;
            fraction y = x + c;
            Console.WriteLine((double)(a * b + c));
            Console.WriteLine(y);
            Console.ReadKey();
        }
    }
}
```

第四章 Java 程序设计案例

【试题 1】

任务一:输入某年某月某日,判断这一天是这一年的第几天。例如,2001 年 3 月 5 日是这一年的第 64 天。

要求:使用分支结构语句实现。

程序:

```
public static void fun1_1() {
    int day,month,year,sum=0,leap;
    Scanner scanner = new Scanner(System.in);
    System.out.println("\nplease input year,month,day");
    year = scanner.nextInt();
    month = scanner.nextInt();
    day = scanner.nextInt();
    switch(month)/*先计算某月以前月份的总天数*/
    {
        case 1:sum=0;break;
        case 2:sum=31;break;
        case 3:sum=59;break;
        case 4:sum=90;break;
        case 5:sum=120;break;
        case 6:sum=151;break;
        case 7:sum=181;break;
        case 8:sum=212;break;
        case 9:sum=243;break;
        case 10:sum=273;break;
        case 11:sum=304;break;
        case 12:sum=334;break;
        default:System.out.println("data error");break;
    }
    sum=sum+day;/*再加上某天的天数*/
    /*判断是不是闰年*/
    if(year%400==0||(year%4==0&&year%100!=0))
        leap=1;
    else
```

```
            leap=0;
        if(leap==1&&month>2)/*如果是闰年且月份大于2,总天数应该加一天*/
            sum++;
        System.out.println("It is the "+sum+"th day.");
```
　　}

任务二:输出阶梯形式的9*9口诀表,如图4-1所示。

```
1*1=1
1*2=2   2*2=4
1*3=3   2*3=6   3*3=9
1*4=4   2*4=8   3*4=12  4*4=16
1*5=5   2*5=10  3*5=15  4*5=20  5*5=25
1*6=6   2*6=12  3*6=18  4*6=24  5*6=30  6*6=36
1*7=7   2*7=14  3*7=21  4*7=28  5*7=35  6*7=42  7*7=49
1*8=8   2*8=16  3*8=24  4*8=32  5*8=40  6*8=48  7*8=56  8*8=64
1*9=9   2*9=18  3*9=27  4*9=36  5*9=45  6*9=54  7*9=63  8*9=72  9*9=81
```

图4-1　阶梯形式的9*9口诀表

要求:使用循环结构语句实现。

程序:

```java
public static void fun1_2(){
    int i,j,result;
    for (i=1;i<10;i++)
    {
        for(j=1;j<=i;j++)
        {
            result=i*j;
            System.out.print(i+"*"+j+"="+result+" ");
        }
        System.out.println();/*每一行后换行*/
    }
}
```

任务三:编程实现判断一个整数是否为"水仙花数"。所谓"水仙花数"是指一个三位的整数,其各位数字立方和等于该数本身。例如:153是一个"水仙花数",因为$153=1^3+5^3+3^3$。

要求:用带有一个输入参数的函数(或方法)实现,返回值类型为布尔类型。

程序:

```java
public static boolean fun1_3(int num){
    int i,j,k;
    i=num/100;/*分解出百位*/
    j=num/10%10;/*分解出十位*/
    k=num%10;/*分解出个位*/
    if(i*100+j*10+k==i*i*i+j*j*j+k*k*k)
```

```
        {
            return true;
        }
        else
        {
            return false;
        }
    }
```

【试题 2】

任务一:已知字符串数组 A,包含初始数据:a1,a2,a3,a4,a5;字符串数组 B,包含初始数据:b1,b2,b3,b4,b5。编写程序将数组 A,B 的每一对应数据项相连接,然后存入字符串数组 C,并输出数组 C。输出结果为:a1b1,a2b2,a3b3,a4b4,a5b5。

例如:数组 A 的值为{"Hello ","Hello ","Hello ","Hello ","Hello "},数组 B 的值为{"Jack","Tom","Lee","John","Alisa"},则输出结果为{"Hello Jack","Hello Tom","Hello Lee","Hello John","Hello Alisa"}。

要求:
- 定义 2 个字符串数组 A,B,用于存储初始数据。定义数组 C,用于输出结果。
- 使用循环将数组 A,B 的对应项相连接,结果存入数组 C(不要边连接边输出)。
- 使用循环将数组 C 中的值按顺序输出。

程序:
```
public static void fun2_1_main() {
    String[] s1 = {"a1","a2","a3","a4","a5"};
    String[] s2 = {"b1","b2","b3","b4","b5"};
    String[] s = fun2_1(s1,s2);
    for(int i=0;i<5;i++){
        System.out.print(s[i]+" ");
    }
}
public static String[] fun2_1(String[] s1,String[] s2) {
    String[] s = new String[5];
    for(int i=0;i<5;i++){
        s[i] = s1[i]+s2[i];
    }
    return s;
}
```

任务二:编写函数(或方法):将某已知数组的奇数项组合成一个新的数组。在主函数(或主方法)中调用该函数(或方法),并循环输出新数组的内容。

要求:
- 主函数(或主方法)定义一个已初始化值的数组,该数组中的值为:1,2,3,4,5,6,7,8,9,10,11。

编写函数(或方法),函数(或方法)名为:OddArray;它有一个输入参数,数据类型为数组;它的返回值类型为数组。它实现如下功能:将参数数组中的奇数项存入结果数组,并返回该数组。

- 在主函数(或主方法)定义一个新的数组,用于获取 OddArray 的返回值,然后显示该返回值(显示结果应为 1,3,5,7,9,11)。

程序:
```java
    public static void fun2_2_main() {
        int[] arr = new int[] { 1, 2, 3, 4, 5, 6, 7, 8, 9, 10, 11 };
        int[] resultArr = OddArray(arr);
        for (int i = 0; i < resultArr.length; i++)
        {
            System.out.print(resultArr[i]);
        }
    }
public static int[] OddArray(int[] inputArr) {
    int length = 0;//结果数组的长度
    if (inputArr.length % 2 == 0)
        length = inputArr.length / 2;
    else
        length = inputArr.length / 2 + 1;

    int[] returnArr = new int[length];
    int j = 0;
    for (int i = 0; i < inputArr.length; i = i + 2)
    {
        returnArr[j] = inputArr[i];
        j++;

    }
    return returnArr;
    }
```

任务三:请完成以下编程工作:①定义学生类,其包含 2 个属性:学号,姓名。②定义大学生类,其需要继承于学生类,并新增一个属性:专业。③为大学生类实例化一个对象,并给这个大学生对象的所有属性赋值。

要求:
- 所有属性的数据类型均为字符串类型。
- 大学生类应该继承于学生类。
- 在主函数(或主方法)中实例化大学生对象,并给该对象的每个属性赋值。

程序:
```java
  public static void fun2_3_main() {
        CollegeStudent student = new CollegeStudent();
```

```java
        student.setStudentNumber("10001");
        student.setStudentName("张三");
        student.setSpecialName("软件技术");
    }

class Student{
    private String studentNumber;
    private String studentName;
    public String getStudentNumber() {
        return studentNumber;
    }
    public void setStudentNumber(String studentNumber) {
        this.studentNumber = studentNumber;
    }
    public String getStudentName() {
        return studentName;
    }
    public void setStudentName(String studentName) {
        this.studentName = studentName;
    }
}
class CollegeStudent extends Student{
    private String specialName;

    public String getSpecialName() {
        return specialName;
    }

    public void setSpecialName(String specialName) {
        this.specialName = specialName;
    }

}
```

【试题 3】

任务一：已知某个班有 M 个学生，学习 N 门课程，已知所有学生的各科成绩。请编写程序：分别计算每个学生的平均成绩，并输出。

要求：

· 定义一个二维数组 A，用于存放 M 个学生的 N 门成绩。定义一个一维数组 B，用于存放每个学生的平均成绩。

· 使用二重循环，将每个学生的成绩输入到二维数组 A 中。

· 使用二重循环，对已经存在于二维数组 A 中的值进行平均分计算，将结果保存到一维数组 B 中。
- 使用循环输出一维数组 B(即平均分)的值。

程序：
```java
public static void fun3_1() {
    int M = 3;
    int N = 2;
    Scanner scanner = new Scanner(System.in);
    int[][] score = new int[M][N];
    for (int i = 0; i < M; i++)
    {
        for (int j = 0; j < N; j++)


            score[i][j] = scanner.nextInt();
    }


    double[] scoreAver = new double[M];
    for (int i = 0; i < M; i++)
    {
        double sum = 0;
        for (int j = 0; j < N; j++)
        {
            sum += score[i][j];

        }
        scoreAver[i] = sum / N;
    }

    for (int i = 0; i < M; i++)
    {
        System.out.println(scoreAver[i]);

    }
}
```

任务二:利用递归方法求 5!

用递归方式求出阶乘的值。递归的方式为：

5! = 4! * 5
4! = 3! * 4
3! = 2! * 3
2! = 1! * 2
1! = 1

即要求出 5!,先求出 4!;要求出 4!,先求出 3! … 以此类推。

要求：
- 定义一个函数(或方法)，用于求阶乘的值。
- 在主函数(或主方法)中调用该递归函数(或方法)，求出 5 的阶乘，并输出结果。

程序：
```
public static void fun3_2_main() {
    System.out.println("5 的阶乘是:"+fun3_2(5));
}
public static int fun3_2(int a) {
    if(a==1)
        return 1;
    else
        return a*fun3_2(a-1);
}
```

任务三：有一分数序列：2/1,3/2,5/3,8/5,13/8,21/13 … 求出这个数列的前 20 项之和。
要求：利用循环计算该数列的和。注意分子分母的变化规律。
提示：

a1＝2,　　　b1＝1,　　　c1＝a1/b1;
a2＝a1+b1, b2＝a1,　　　c2＝a2/b2;
a3＝a2+b2, b3＝a2,　　　c3＝a3/b3;
…
s ＝ c1+c2+…+c20;

s 即为分数序列：2/1,3/2,5/3,8/5,13/8,21/13 … 的前 20 项之和。

程序：
```
public static void fun3_3() {
    int n, t, number = 20;
    double a = 2;
    double b = 1;
    double s = 0;
    for (n = 1; n <= number; n++)
    {
        s = s + a / b;
        t = (int)a;
        a = a + b;
        b = t;
    }
    System.out.println(s);
}
```

【试题4】

任务一：计算算式 $1+2^1+2^2+2^3+…+2^n$ 的值。

第四章 Java 程序设计案例

要求:n 由键盘输入,且 $2 \leqslant n \leqslant 10$。

程序:

```java
public class Twoadd{

    /**
     * @param args:输入数字 n
     */
    public static void main(String[] args) {
        int n;
        try {
            n = Integer.parseInt(args[0]);
            long sum = 1;
            long product = 1;
            for (int k = 1; k <= n; k++) {
                product = 2 * product;
                sum = sum + product;
            }
            System.out.println("result=" + sum);
        } catch (NumberFormatException e) {
            System.out.println("输入的数字有误!");
        }
    }
}
```

任务二:输入一批学生成绩,以 -1 作为结束标记。统计这批学生中,不及格(score<60)、及格($60<=$score<70)、中等($70<=$score<80)、良好($80<=$score<90)、优秀($90<=$score$<=100$)的人数。

要求:使用分支结构语句实现。

程序:

```java
public class ScoreCount {

    public static void main(String args[]) throws IOException {
        System.out.println("输入一批学生成绩:每行输入一个成绩,按回车键输入下一个成绩,以 -1 结束");
        int s = 0, b = 0, c = 0, d = 0, e = 0, f = 0; // 变量赋初值
        BufferedReader br = new BufferedReader(new InputStreamReader(System.in));
        int a = 0;// = Integer.parseInt(br.readLine()); //读取一个整数
        while (true) {
            a = Integer.parseInt(br.readLine());
            if (a == -1) {
                break;
            } else if (a < 0 || a > 100) {
                System.out.println("数据错误,请重新输入");
```

```
            continue;
        }
        s += a; // 累加
        switch (a / 10) {
        case 0:
        case 1:
        case 2:
        case 3:
        case 4:
        case 5:
            b++;
            break; // 计数增1
        case 6:
            c++;
            break;
        case 7:
            d++;
            break;
        case 8:
            e++;
            break;
        case 9:
            f++;
            break;
        }
    }
    System.out.println("优秀人数:" + f);
    System.out.println("良好人数:" + e);
    System.out.println("中等人数:" + d);
    System.out.println("及格人数:" + c);
    System.out.println("不及格人数:" + b);
  }
}
```

任务三:创建5个学生对象,并赋给一个学生数组,每个学生有以下属性:学号、姓名、年龄,请按顺序实现以下任务:

子任务1:将学生按学号排序输出。

子任务2:给所有学生年龄加1。

子任务3:在实现子任务2的基础上,统计大于20岁的学生人数。

程序:

```
public class Student {
    int num;
    int age;
```

```java
String name;

public String toString() {
    String s = "学号:" + num + ",";
    s += "姓名:" + name + ",";
    s += "年龄:" + age;
    return s;
}

public Student(int Num, int Age, String Name) {
    num = Num;
    age = Age;
    name = Name;
}

public static void main(String args[]) {
    Student s1 = new Student(3, 18, "张三");
    Student s2 = new Student(1, 21, "小路");
    Student s3 = new Student(33, 20, "John");
    Student s4 = new Student(13, 20, "Lucy");
    Student s5 = new Student(8, 17, "Jack");
    Student s[] = { s1, s2, s3, s4, s5 };
    System.out.println("班级学生名单如下:");
    output(s); //第1次调用output方法输出数组

    /* 将学生按学号排序 */
    for (int i = 0; i < s.length - 1; i++)
        for (int j = i + 1; j < s.length; j++)
            if (s[i].num > s[j].num) {
                Student tmp = s[i];
                s[i] = s[j];
                s[j] = tmp;
            }
    System.out.println("按学号由小到大排序...");
    output(s); //第2次调用output方法输出数组

    for (int i = 0; i < s.length; i++)
        //将所有学生年龄加1
        s[i].age++;
    System.out.println("所有学生年龄加1后...");
    output(s); //第3次调用output方法输出数组

    /* 以下统计大于20岁的学生个数 */
```

```java
    int count = 0;
    for (int i = 0; i < s.length; i++)
      if (s[i].age >= 20)
        count++;
    System.out.println("大于 20 岁人数是:" + count);
  }

  /* 以下方法输出学生数组的所有元素 */
  static void output(Student s[]) {
    for (int i = 0; i < s.length; i++)
      System.out.println(s[i]);
  }
}
```

【试题 5】

任务一:编写一个程序找出 100~1000 之间的所有姐妹素数。

注:姐妹素数是指相邻两个奇数均为素数。

要求:使用循环结构语句实现。

程序:

```java
public class SisterPrime {
  public static void main(String args[]) {
    for (int n = 101; n <= 1000; n += 2)
      if (isPrime(n) && isPrime(n + 2)) // 相邻两个数均为素数
        System.out.println("\t" + n + "\t" + (n + 2));
  }

  /*
   * 判断一个数 n 是否为素数的方法。如果 n 为素数,则方法返回结果为 true,否则返回 false
   */
  static boolean isPrime(int n) {
    for (int k = 2; k < n; k++) {
      if (n % k == 0)
        return false; // 只要遇到一个能整除即可断定不是素数
    }
    return true; // 循环结束,说明没有数能除尽 n
  }
}
```

任务二:利用求 n! 的方法计算 2!+4!+5! 的值。

要求:分别利用递归和非递归方法实现求 n!。

程序:

public class FactorialSum {

```java
// 使用递归求阶乘
public static long useRecursion(int n) {
    if (n == 1) {
        return n;
    } else {
        return n * useRecursion(n - 1);
    }
}

// 使用 for 循环求阶乘
public static long useFor(int n) {
    int factorial = 1;
    for (int j = n; j >= 1; j--) {
        factorial = factorial * j;
    }
    return factorial;
}

public static void main(String[] args) {

    // 调用递归方法求 2! +4! +5!
    System.out.println(useRecursion(2) + useRecursion(4) + useRecursion(5));

    // 调用非递归方法求 2! +4! +5!
    System.out.println(useFor(2) + useFor(4) + useFor(5));

}
```

任务三:编写程序实现:

(1)定义一个抽象类 Shape,它有一个计算面积的抽象方法 calArea。

(2)定义一个三角形类 Triangle。它有两个属性 n,m,分别表示三角形的底和高。另外,它必须继承于 Shape 类,并实现 calArea 方法来计算三角形的面积。

(3)定义一个矩形类 Rectangle。它有两个属性 n,m,分别表示矩形的长和宽。另外,它必须继承于 Shape 类,并实现 calArea 方法来计算矩形的面积。

(4)定义一个圆类 Circle。它有一个属性 n,表示圆形的半径。另外,它必须继承于 Shape 类,并实现 calArea 方法来计算圆形的面积。

(5)分别创建一个三角形对象、一个矩形对象、一个圆形对象,然后将它们存入到一个数组中,最后将数组中各类图形的面积输出到屏幕上。

程序:

```java
abstract class Shape {
    abstract double calArea();
}
```

```java
class Triangle extends Shape {
    private double a, b, c;

    public Triangle(double a, double b, double c) {
        this.a = a;
        this.b = b;
        this.c = c;
    }

    public double calArea() {
        double p = (a + b + c) / 2;
        return Math.sqrt(p * (p - a) * (p - b) * (p - c));
    }
}

class Rectangle extends Shape {
    private double width, height;

    public Rectangle(double j, double k) {
        width = j;
        height = k;
    }

    public double calArea() {
        return width * height;
    }
}

class Circle extends Shape {
    private double r;

    public Circle(double r) {
        this.r = r;
    }

    public double calArea() {
        return 3.14 * r * r;
    }
}

public class AreaCount {
    public static void main(String args[]) {
```

```
        Shape s[] = new Shape[3];
        s[0] = new Triangle(22, 41, 57);
        s[1] = new Rectangle(17, 17);
        s[2] = new Circle(47);
        for (int z = 0; z < s.length; z++)
            System.out.println(s[z].calArea());
    }
}
```

【试题 6】

任务一:编写一个应用程序,计算并输出一维数组(9.8,12,45,67,23,1.98,2.55,45)中的最大值、最小值和平均值。

程序:

```
public static void fun6_1() {
    double[] stu = { 9.8, 12, 45, 67, 23, 1.98, 2.55, 45 };
    double max, min, sum=0;
    System.out.println("数组:");
    for (int i = 0; i < stu.length; i++)
    {
        System.out.print(stu[i]);
    }
    max = stu[0]; min = stu[0];

    for (int i = 0; i < stu.length; i++)//求最大数
    {
        sum += stu[i];

        if (max >= stu[i])
        {
            max = max;
        }
        else
        {
            max = stu[i];
        }
    }

    for (int i = 0; i < stu.length; i++)//球最小数
    {
        if (min <= stu[i])
        {
            min = min;
```

```
            }
            else
                {
                min = stu[i];
                }
        }

    System.out.println("\n最大值为:"+max+",最小值为:"+min+",平均值为:"+sum/stu.length);
}
```

任务二:将字符串"FEDCBA"存放到数组中,调用 for 循环读出数组数据显示在屏幕上,同时将结果以文件流形式写入考生文件夹下,文件名为 WriteArr.txt。

要求:使用循环结构语句实现,直接输出不计分。

程序:

```
public static void fun6_2(){
    String s = "FEDCBA";
    char[] Sstring = s.toCharArray();
    for (int i = 0; i < Sstring.length; i++)
    {
        System.out.print(Sstring[i]);
    }

    try {
        FileOutputStream out = new FileOutputStream("WriteArr.txt");
        PrintStream p = new PrintStream(out);
        p.println(s);
    }catch (Exception e) {
        e.printStackTrace();
    }
}
```

任务三:某国的个人所得税草案规定,个税的起征点为 3000 元,分成 7 级,税率情况见表 4-1,从键盘上输入月工资,计算应交纳的个人所得税。

表 4-1 税率情况表

级 数	全月应纳税所得额	税率/(%)
1	不超过 1500 元的(即 3000~4500 之间)	5
2	超过 1500 元至 4500 元的部分	10
3	超过 4500 元至 9000 元的部分	20
4	超过 9000 元至 35000 元的部分	25
5	超过 35000 元至 55000 元的部分	30
6	超过 55000 元至 80000 元的部分	35
7	超过 80000 元的部分	45

注意:超出部分按所在税的级数计算,如:一个人的月收入为6000,应交个人所得税为:$1500*0.05+((6000-3000)-1500)*0.1=225$

请在键盘上输入一个人的月收入,编程实现计算该公民所要交的税。

例如:输入"4000",则输出"你要交的税为:50"。

程序:

```java
public static void fun6_3_main(){
    Scanner scanner = new Scanner(System.in);
    System.out.print("请输入月工资:");
    double b = scanner.nextDouble();
    if (b <= 3000)
    {
        System.out.println("您不需要纳税!");
    }
    else
    {
        System.out.println("您应纳税:"+fun6_3(b));
    }
}
public static double fun6_3(double a){
    double b=(a-3000);
    double pay=0;
    if (b <= 1500)
    {
        pay = b * 0.05;
    }
    if (4500 >= b && b > 1500)
    {
        pay = 1500 * 0.05 + (b - 1500) * 0.1;
    }
    if (9000 >= b && b > 4500)
    {
        pay = 1500 * 0.05 + (4500 - 1500) * 0.1 + (b - 4500) * 0.2;
    }
    if (35000 >= b && b > 9000)
    {
        pay = 1500 * 0.05 + (4500 - 1500) * 0.1 + (9000 - 4500) * 0.2 + (b - 9000) * 0.25;
    }
    if (55000 >= b && b > 35000)
    {
        pay = 1500 * 0.05 + (4500 - 1500) * 0.1 + (9000 - 4500) * 0.2 + (35000 - 9000) * 0.25+(b-35000) * 0.3;
    }
```

```
        if (80000 >= b && b > 55000)
        {
            pay = 1500 * 0.05 + (4500 - 1500) * 0.1 + (9000 - 4500) * 0.2 + (35000 - 9000)
* 0.25 + (55000 - 35000) * 0.3+(b-55000)*0.35;
        }
        if (b > 80000)
        {
            pay = 1500 * 0.05 + (4500 - 1500) * 0.1 + (9000 - 4500) * 0.2 + (35000 - 9000)
* 0.25 + (55000 - 35000) * 0.3 + (80000 - 55000) * 0.35+(b-80000)*0.45;
        }
        return pay;
}
```

【试题 7】

任务一:编写一个程序,对用户输入的任意一组字符如{3,1,4,7,2,1,1,2,2},输出其中出现次数最多的字符,并显示其出现次数。如果有多个字符出现次数均为最大且相等,则输出最先出现的那个字符和它出现的次数。例如,上面输入的字符集合中,"1"和"2"都出现了 3 次,均为最大出现次数,因为"1"先出现,则输出字符"1"和它出现的次数 3 次。

要求:使用分支、循环结构语句实现。

程序:

```
public static void fun7_1() {
    int [] ch={1,3,4,7,2,1,1,5,2};
    int max = ch[ch.length - 1];
    int count = 1;
    int n=0;
    for (int i = 0; i < ch.length; i++)
    {
        if (ch[0] == ch[i])
        {
            n += 1;
            max = ch[i];
        }
        else
        {
            break;
        }
    }
    System.out.println("输入最多的是:"+max);
    System.out.println("个数为:"+n);
}
```

任务二:求 n 以内(不包括 n)同时能被 3 和 7 整除的所有自然数之和的平方根 s,然后将结果 s 输出到文件 out.txt 中。例如若 n 为 1000 时,则 s=153.909064。

要求:使用循环语句结构实现。②n 由键盘输入,且 100≤n≤10000。

程序:

```java
public static void fun7_2() {
    Scanner scanner = new Scanner(System.in);
    int n;
    long s = 0;
    double l;
    n = scanner.nextInt();
    for (int i = 1; i < n; i++)
    {
        if (i % 3 == 0 && i % 7 == 0)
        {
            s += i;
        }

    }
    l = Math.sqrt(s);
    System.out.println("平方根为:"+l);

    try {
        FileOutputStream out = new FileOutputStream("out.txt");
        PrintStream p = new PrintStream(out);
        p.println(l);
    } catch (Exception e) {
        e.printStackTrace();
    }
}
```

任务三:输入整数 a,输出结果 s,其中 s 与 a 的关系是:s=a+aa+aaa+aaaa+aa...a,最后为 a 个 a。例如 a=2 时,s=2+22=24。

要求:①使用循环结构语句实现。②a 由键盘输入,且 2≤a≤9。

程序:

```java
public static void fun7_3() {
    Scanner scanner = new Scanner(System.in);
    int a,n,count=1;
    int sn=0,tn=0;
    System.out.print("please input a:\n");
    a = scanner.nextInt();
    System.out.println("a="+a);
    n=a;
    while(count<=n)
    {
```

```
            tn=tn+a;
            sn=sn+tn;
            a=a*10;
            ++count;
        }
        System.out.println("a+aa+...="+sn);
    }
```

【试题 8】

任务一:请编写函数(或方法)fun,其功能是:将两个两位数的正整数 a,b 合并形成一个整数放在 c 中。合并的方式是:将 a 数的十位和个位数依次放在 c 数个位和十位上,b 数的十位和个位数依次放在 c 数的百位和千位上。

例如,当 a=16,b=35 时,则 c=5361。

其中,a,b 为函数(或方法)fun 的输入参数,c 为函数(或方法)fun 的返回值。

程序:

```
public static void fun8_1_main() {
    int a,b,c;
    Scanner scanner = new Scanner(System.in);
    System.out.println("请输入 a,b");
    a = scanner.nextInt();
    b = scanner.nextInt();
    System.out.println("a="+a+",b="+b);
    c=FUN(a,b);
    System.out.println("c="+c);
}
public static int FUN(int a,int b) {
    int c=0,i=0,j=0,k=0,l=0;
    i=a/10;
    j=a%10;
    k=b/10;
    l=b%10;
    c=100*k+l*1000+i+j*10;
    return c;
}
```

任务二:孙悟空在大闹蟠桃园的时候,第一天吃掉了所有桃子总数一半多一个,第二天又将剩下的桃子吃掉一半多一个,以后每天吃掉前一天剩下的一半多一个,到第 n 天准备吃的时候只剩下一个桃子。这下可把神仙们心疼坏了,请帮忙计算一下,第一天开始吃的时候桃园一共有多少个桃子。

要求:①使用循环结构语句实现。②整数 N 由键盘输入,且 2≤N≤10。

程序:

```
public static void fun8_2() {
```

```
    int days=0;
    int nPeach=1;//表示桃子的总个数
    Scanner scanner = new Scanner(System.in);
    System.out.print("请输入剩下一个桃子的时候是第几天:");
    days = scanner.nextInt();
    if(days!=0)
    {
        for(int i=1;i<days;i++)
        {
            nPeach=(nPeach+1)*2;
        }
    }
    System.out.println("nPeach="+nPeach);
}
```

任务三:输入一个 5 位正整数,输出它是不是回文数。回文数是这样一种数,它的逆序数和它本身相等。例如,12321 的逆序数是 12321,和它本身相等,所以它是回文数。又例如 25128 的逆序数是 82152,所以它不是回文数。

要求:使用分支或循环结构语句实现。

程序:

```
public static boolean fun8_3(int m) {
    int i=0, k=0;
    char[] str = new char[5];
    while(m>0)
    {
        str[k++]=(char)(m%10+48);
        m=m/10;
    }
    for(i=0;i<k/2;i++)
        if(str[i]!=str[k-i-1])
            return false;
    return true;
}
```

【试题 9】

任务一:一个球从 100m 高度自由落下,每次落地后反弹回原高度的一半,再落下,再反弹。求它在第十次落地时,共经过多少米?第十次反弹多高?

要求:使用循环结构语句实现。

程序:

```
public static void fun9_1() {
    double a=100,b;
    double sum = 0;
    b=a/2;
```

```java
        sum=a+b;
        for(int i=1;i<10;i++){
            a = b;
            b = a/2;
            sum = sum+a+b;
        }
        System.out.println("在第十次落地时,共经过"+(sum-b)+"m");
        System.out.println("第十次反弹"+b+"m");
    }
```

任务二:Lee 的老家住在工业区,日耗电量非常大。

今年 7 月,传来了不幸的消息,政府要在 7,8 月对该区进行拉闸限电。政府决定从 7 月 1 日起停电,然后隔一天到 7 月 3 日再停电,再隔两天到 7 月 6 日停电,依次下去,每次都比上一次长一天。

Lee 想知道自己到家后到底要经历多少天倒霉的停电。请编写程序帮他算一算。

要求:从键盘输入放假日期、开学日期,日期限定在 7,8 月份,且开学日期大于放假日期,然后在屏幕上输出停电天数。

提示:可以用数组标记停电的日期。

程序:

```java
public static void fun9_2() {
    int[] day = new int[63]; //定义一个数组,存放停电状态
    int[] a = new int[10],b = new int[10]; //a、b 数组用来存放日期
    int i=0,j;
    int k=2; //表示间隔的天数
    int t;
    int x=1;//表示开始日期1号开始
    int[] n={0,0,0,0,0,0,0,0,0,0};//用来存放程序结果
    char c;   //根据输入要求定义(无实用)
    Scanner scanner = new Scanner(System.in);
    
    System.out.println("请输入一组数据!");
    while(true)   //输入一组数据,以 0/0 结束
    {
        a[i] = scanner.nextInt();
        c = (char)scanner.nextByte();
        b[i] = scanner.nextInt();
        if(a[i]==0&&b[i]==0)
            break;
        i++;
    }
    
    while(x<=62)   //判断7、8个月的停电具体时间
    {
```

```
            day[x]=1;
            x+=k;
            k++;
        }
        for(j=0;j<i;j++)   //根据输入数据判断停电天数。
        {
            if(a[j]==8) b[j]=b[j]+31;

            for(t=b[j];t<=62;t++)
                if(day[t]==1) n[j]++;
        }
        System.out.println("停电天数:");
        for(j=0;j<i;j++)   //输出结果
            System.out.println(n[j]);
}
```

任务三:编写程序实现:从键盘输入正整数 s,从低位开始取出 s 中的奇数位上的数,依次构成一个新数 t,高位仍放在高位,低位仍放在低位,最后在屏幕上输出 t。例如,当 s 中的数为 7654321 时,t 中的数为 7531。

要求:使用循环结构语句实现。

程序:

```
public static void fun9_3() {
    int year=20,t;
    t=year;
    while(t!=0)
    {
        if(t>=8)
        {
            System.out.print(8);
            t=t-8;
        }
        else if(t>=5)
        {
            System.out.print(5);
            t=t-5;
        }
        else if(t>=3)
        {
            System.out.print(3);
            t=t-3;
        }
        else if(t>=2)
        {
```

```
                System.out.print(2);
                t=t-2;
            }
            else if(t>=1)
            {
                System.out.print(1);
                t=t-1;
            }
        }
    }
```

【试题 10】

任务一：从键盘上输入一个年份值和一个月份值，判断该月的天数（说明：一年有 12 个月，大月的天数是 31，小月的天数是 30。2 月的天数比较特殊，遇到闰年是 29 天，否则为 28 天）。

要求：使用分支结构语句实现。

程序：

```
public class MissionOne {
    public static void main(String[] args) throws Exception{
        int year;
        int month;
        int numdays=0;
        java.util.Scanner scan = new java.util.Scanner(System.in);
        System.out.println("请输入年份:");    //提示输入年份
        year = scan.nextInt();    //从键盘接收一个整数
        System.out.println("请输入月份:");    //提示输入月份
        month = scan.nextInt();//从键盘接收一个长整数
        switch(month){
            case 1:        //当月份为 1,3,5,7,8,10,12 时,该月的天数为 31
            case 3:
            case 5:
            case 7:
            case 8:
            case 10:
            case 12:
                numdays=31;
                break;
            case 2:    //当月份为 2 时,首先需要判断输入的年份是否为闰年,如果是闰年,则为 29 天,否则为 28 天
            {
                if((year%4==0&&year%100!=0)||(year%400==0)){
                    numdays=29;
                }
```

```
        else{
            numdays=28;
        }
        break;
    }
    case 4:      //当月份为 4,6,9,11 时,该月的天数为 30
    case 6:
    case 9:
    case 11:
        numdays=30;
        break;
    }
    System.out.println(year+"年的"+month+"月有"+numdays+"天!");
    }
}
```

任务二:假设一张足够大的纸,纸张的厚度为 0.5mm。请问对折多少次以后,可以达到珠穆朗玛峰的高度(最新数据:8844.43m)。请编写程序输出对折次数。

要求:使用循环结构语句实现,直接输出结果不计分。

程序:

```
public class MissionTwo {
    public static void main(String[] args){
        double thick=0.005;//thick 为纸的厚度,初始值为 0.005m
        int count=0;    //count 为折叠的次数,初始值为 0
        while(thick<8844.43){
            count++;
            thick=thick*2;
        }
        System.out.println("对折"+count+"次后高度可达到"+thick+"m,到达或超过了珠穆朗玛峰的高度。");
    }
}
```

任务三:编写程序输出 2~99 之间的同构数。同构数是指这个数为该数平方的尾数,例如 5 的平方为 25,6 的平方为 36,25 的平方为 625,则 5,6,25 都为同构数。

要求:调用带有一个输入参数的函数(或方法)实现,此函数(或方法)用于判断某个整数是否为同构数,输入参数为一个整型参数,返回值为布尔型。

程序:

```
public class MissionThree {
    /*
     * 判断某个整数是否为同构数
     */
    public Boolean check(int n){
```

```java
            Boolean flag = false;//标志变量
            if((n*n%10 == n)||(n*n%100 == n)){
                flag = true ;
            }
            return flag ;
        }
        public static void main(String[] args){
            MissionThree missionThree = new MissionThree();
            for(int i=2;i<=99;i++){
                if(missionThree.check(i)){
                    System.out.println(i+"是一个同构数");
                }
            }
        }
    }
```

【试题 11】

任务一：某班同学上体育课，从 1 开始报数，共 38 人，老师要求按 1,2,3 重复报数，报数为 1 的同学往前走一步，而报数为 2 的同学往后退一步，试分别将往前走一步和往后退一步的同学的序号打印出来。

要求：用循环语句实现，直接输出结果不计分。

程序：

```java
public class MissionOne {
    public static void main(String[] args){
        System.out.println("往前一步学生的序号为:");
        for(int i=1;i<=38;i++){
            if(i%3==1)      //报数为 1 的序号
                System.out.print(i+"  ");
        }
        System.out.println();
        System.out.println("退后一步学生的序号为:");
        for(int j=1;j<=38;j++){
            if(j%3==2)      //报数为 2 的序号
                System.out.print(j+"  ");
        }
    }
}
```

任务二：一个人，不小心打碎了一位妇女的一篮子鸡蛋。为了赔偿便询问篮子里有多少鸡蛋。那妇女说，她也不清楚，只记得每次拿两个则剩一个，每次拿 3 个则剩 2 个，每次拿 5 个则剩 4 个，若每个鸡蛋 1 元，请你帮忙编程，计算最少应赔多少钱？

要求：用循环语句实现，直接打印出结果不给分。

程序：

```
using System;
public class MissionTwo {
    public static void main(String[] args){
        int i = 0 ;//循环变量
        Boolean flag = true;//标志变量
        while(flag){
            i++;
            if(i%2 == 1 && i%3 == 2 && i%5 == 4){
                flag = false;
            }

        }
        System.out.println("需要赔偿"+1*i+"元");
    }
}
```

任务三:寻找最大数经常在计算机应用程序中使用。例如:确定销售竞赛优胜者的程序要输入每个销售员的销售量,销量最大的员工为销售竞赛的优胜者,编写一个程序:从键盘输入10个数,打印出其中最大的数。

程序:
```
public class MissionThree {
    public static void main(String[] args){
        int number ;//保存当前数据
        int largest=0;//保存最大数
        Scanner in = new Scanner(System.in);
        for(int i = 1 ; i<=10 ; i++){
            System.out.print("输入第"+i+"个数");
            number = in.nextInt();
            if(number>largest){
                largest=number;
            }
        }
        System.out.println("最大数为:"+largest);

    }
}
```

【试题 12】

任务一:从键盘接收一个整数 N,统计出 1~N 之间能被 7 整除的整数的个数,以及这些能被 7 整除的数的和。

屏幕提示样例:

请输入一个整数:20

1~20 之间能被 7 整除的数的个数:2

1~20之间能被7整除的所有数之和:21

要求:整数N由键盘输入,且2≤N≤1000。

程序:
```java
public static void fun12_1() {
    int sum = 0, count = 0;
    Scanner scanner = new Scanner(System.in);
    System.out.print("请输入一个整数:");
    int N = scanner.nextInt();
    for (int i = 1; i <= N; i++) {
        if (i % 7 == 0) {
            count++;
            sum += i;
        }
    }
    System.out.println("1~"+N+"之间能被7整除的数的个数:"+count);
    System.out.println("1~"+N+"之间能被7整除的所有数之和:"+sum);
}
```

任务二:从键盘输入一个整数N,打印出有N*2-1行的菱形。

例如输入整数4,则屏幕输出为

```
      *
     * *
    * * *
   * * * *
    * * *
     * *
      *
```

要求:①使用循环结构语句实现,直接输出不计分。②整数N由键盘输入,且2≤N≤10。

程序:
```java
public static void fun12_2() {
    Scanner scanner = new Scanner(System.in);
    System.out.print("请输入一个整数:");
    int N = scanner.nextInt();
    //输出前N行
    for (int i = 1; i <= N; i++)
    {
        for (int j = 1; j <= N - i; j++)
        {
            System.out.print(' ');
        }
        for (int j = 1; j <= 2 * i - 1; j++)
        {//第i行输出2*i-1个*
```

```java
                System.out.print(" * ");
            }
            System.out.println();      //输完 * 后,换行
        }
        //输出后 N-1 行
        for (int i = N - 1; i > 0; i--)
        {
            for (int j = 1; j <= N - i; j++)
            {
                System.out.print(' ');
            }
            for (int j = 1; j <= 2 * i - 1; j++)
            {//第 i 行输出 2*i-1 个 *
                System.out.print(" * ");
            }
            System.out.println();
        }
    }
```

任务三:编程实现判断一个整数是否为素数。所谓素数是一个大于 1 的正整数,除了 1 和它本身,该数不能被其他的正整数整除。

要求:用带有一个输入参数的函数(或方法)实现,返回值类型为布尔类型。

程序:

```java
public static boolean fun12_3(int num) {
    int i,leap=1;
    int k=num/2;
    for(i=2;i<=k;i++)
    {
        if(num%i==0)
        {
            leap=0;
            break;
        }
    }
    if(leap==1)
    {
        return true;
    }
    else
    {
        return false;
    }
}
```

【试题 13】

任务一：根据输入的成绩分数，输出相应的等级。学习成绩>=90 分的同学用 A 表示，60~89 分之间的用 B 表示，60 分以下的用 C 表示。

要求：使用分支结构语句实现。

程序：

```
public static void fun13_1() {
    int n;
    char c;
    Scanner scanner = new Scanner(System.in);
    System.out.println("请输入成绩(0~100):");
    n = scanner.nextInt();
    if(n>=90)
    {
        c = 'A';
    }
    else if(n>=60)
    {
        c = 'B';
    }
    else
    {
        c = 'C';
    }
    System.out.println("你成绩的等级是:"+c);
}
```

任务二：输入两个正整数 m 和 n，输出其最大公约数和最小公倍数。

要求：综合使用分支、循环结构语句实现。

程序：

```
public static void fun13_2() {
    int a,b,num1,num2,temp;
    Scanner scanner = new Scanner(System.in);
    System.out.println("please input two numbers:");
    num1 = scanner.nextInt();
    num2 = scanner.nextInt();
    if(num1<num2)/* 交换两个数，使大数放在 num1 上 */
    {
        temp=num1;
        num1=num2;
        num2=temp;
    }
    a=num1;
```

```
        b=num2;

    while(b!=0)/*利用辗除法,直到 b 为 0 为止*/
    {
      temp=a%b;
      a=b;
      b=temp;
    }
    System.out.println("gongyueshu:"+a);
    System.out.println("gongbeishu:"+num1*num2/a);
}
```

任务三:使用选择排序法对数组中的整数按升序进行排序,如:
原始数组:a[]={1,8,9,6,4,2,5,0,7,3}
排序后: a[]={0,1,2,3,4,5,6,7,8,9}
要求:综合使用分支、循环结构语句实现,直接输出结果不计分。
程序:

```java
public static void fun13_3() {
    int[] a = { 1, 8, 9, 6, 4, 2, 5, 0, 7, 3 };
    int i, j, t;
    for (j = 0; j < 9; j++)
        for (i = 0; i < 9 - j; i++)
            if (a[i] > a[i + 1])
            {
                t = a[i];
                a[i] = a[i + 1];
                a[i + 1] = t;
            }
    for (i = 0; i < 10; i++)
        System.out.println(a[i]);

}
```

【试题 14】

任务一:输入 3 个整数 x,y,z,请把这 3 个数由小到大输出。
要求:使用分支结构语句实现。
程序:

```java
public static void fun14_1() {
        int x,y,z,t;
        Scanner scanner = new Scanner(System.in);
        x = scanner.nextInt();
        y = scanner.nextInt();
        z = scanner.nextInt();
```

```
        if (x>y)/ * 交换 x,y 的值 * /
        {
            t=x;x=y;y=t;
        }
        if(x>z)/ * 交换 x,z 的值 * /
        {
            t=z;z=x;x=t;
        }
        if(y>z)/ * 交换 z,y 的值 * /
        {
            t=y;y=z;z=t;
        }
        System.out.println("small to big: "+x+" "+y+" "+z);
}
```

任务二:输入一行字符,输出其中的字母的个数。例如输入"Et2f5F218",输出结果为 4。

要求:综合使用分支、循环结构语句实现。

程序:

```
public static void fun14_2() {
        char c;
        int letters=0;
        Scanner scanner = new Scanner(System.in);
        System.out.println("请输入一串字符:");
        while((c=(char)scanner.nextByte())!='\n')
        {
            if(c>='a'&&c<='z'||c>='A'&&c<='Z')
            {
                letters++;
            }
        }
        System.out.println("在你输入的字符中,字母的个数是:"+letters);
}
```

任务三:输入整数 a 和 n,输出结果 s,其中 s 与 a,n 的关系是:s=a+aa+aaa+aaaa+aa...a,最后为 n 个 a。例如 a=2,n=3 时,s=2+22+222=246。

要求:①使用循环结构语句实现。②a 由键盘输入,且 2≤a≤9。③n 由键盘输入,且 2≤n≤9。

程序:

```
public static void fun14_3() {
        int a,n,count=1;
        int sn=0,tn=0;
        Scanner scanner = new Scanner(System.in);
        System.out.println("please input a and n:");
        a = scanner.nextInt();
```

```
            n = scanner.nextInt();
            System.out.println("a="+a+",n="+n);
            while(count<=n)
            {
                tn=tn+a;
                sn=sn+tn;
                a=a*10;
                ++count;
            }
            System.out.println("a+aa+...="+sn);
    }
```

【试题 15】

任务一:输出 100~999 之间的所有素数。

要求:综合使用分支、循环结构语句实现。

程序:
```
public static void fun15_1() {
        int m,i,k,h=0,leap=1;
        for(m=100;m<=999;m++)
        {
            k=m/2;
            for(i=2;i<=k;i++)
            {
                if(m%i==0)
                {
                    leap=0;
                    break;
                }
            }
            if(leap==1)
            {
                System.out.print(m);
            }
            leap=1;
        }
        System.out.print("\nThe total is "+h);
}
```

任务二:输入一行字符,输出其中的数字的个数。例如输入"fwEt2f44F2k8",输出结果为 5。

要求:综合使用分支、循环结构语句实现。

程序:
```
public static void fun15_2() {
```

```
        char c;
        int digit=0;
        Scannerscanner = new Scanner(System.in);
        System.out.println("请输入一串字符:");
        while((c=(char)scanner.nextByte())!='\n')
        {
            if(c>='0'&&c<='9')
            {
                digit++;
            }
        }
        System.out.println("在你输入的字符中,数字的个数是:"+digit);
}
```

任务三:当 n=5,求表达式为:1/1! +1/2! +1/3! +…+1/n! 的值,保留 4 位小数位。其中 n! 表示 n 的阶乘,例如 3! =3×2×1=6,5! =5×4×3×2×1=120。

程序:

```
public static void fun15_3_main() {
        int n;
        Scannerscanner = new Scanner(System.in);
        System.out.println("请输入 n 的值:");
        n = scanner.nextInt();
        double sum = 0;
        for (int i = 1; i <= n; i++)
        {
            sum+=(float )1/(i * fun15_3 (i−1));
        }
        System.out.println(Math.round(sum));
    }
public static int fun15_3(int n) {
        if (n == 1||n==0)
            return 1;
        else
            return n * fun15_3(n − 1);
}
```

【试题 16】

任务一:使用循环语句打印出如下图案。

*
* *
* * *
* * * *
* * * * *

要求:使用循环结构语句实现。

程序：
```
public static void fun16_1() {
    for(int i=0;i<4;i++)
    {
        for(int j=0;j<i*2+1;j++)
        {
            System.out.print(" * ");
        }
        System.out.println();
    }
}
```

任务二：输出 1+2！+3！+...+20！的结果。
要求：使用循环结构语句实现。
程序：
```
public static void fun16_2() {
float n,s=0,t=1;
    for(n=1;n<=20;n++)
    {
        t*=n;
        s+=t;
    }
    System.out.println("1+2！+3！...+20！="+s);
}
```

任务三：输入一个不多于5位的正整数，要求：1.输出它是几位数；2.逆序打印出各位数字。例如，输入256，则先输出3，再输出652。
要求：使用分支或循环结构语句实现。
程序：
```
public static void fun16_3() {
    long a,b,c,d,e,x;
    Scanner scanner = new Scanner(System.in);
    x = scanner.nextLong();
    a=x/10000;/* 分解出万位 */
    b=x%10000/1000;/* 分解出千位 */
    c=x%1000/100;/* 分解出百位 */
    d=x%100/10;/* 分解出十位 */
    e=x%10;/* 分解出个位 */
    if (a!=0)
    {
        System.out.println("there are 5："+e+" "+d+" "+c+" "+b+" "+a);
    }
    else if (b!=0)
    {
```

```
                System.out.println("there are 4："+e+" "+d+" "+c+" "+b);
            }
            else if (c!=0)
            {
                System.out.println(" there are 3:"+e+" "+d+" "+c);
            }
            else if (d!=0)
            {
                System.out.println("there are 2 :"+e+" "+d);
            }
            else if (e!=0)
            {
                System.out.println(" there are 1 :"+e);
            }
}
```

【试题 17】

任务一：使用循环语句打印出如下图案。

* * * * * * *

* * * * *

* * *

*

要求：使用循环结构语句实现。

程序：

```
public static void fun17_1() {
    for(int i=4;i>0;i--)
    {
        for(int j=0;j<i*2-1;j++)
        {
            System.out.print(" * ");
        }
        System.out.println("");
    }
}
```

任务二：编写程序实现：①定义一个大小为 10 的整形数组 a；②从键盘输入 10 个整数，放置到数组 a 中；③输出数组 a 中的最大值。

要求：使用数组、循环结构语句实现。

程序：

```
public static void fun17_2() {
    int[] a = new int[10];
    Scanner scanner = new Scanner(System.in);
    System.out.println("请输入 10 个整数:");
```

```
            for(int i=0;i<10;i++)
            {
                    a[i] = scanner.nextInt();
            }

            int max=a[0];
            for(int j=0;j<10;j++)
            {
                    if(max<a[j])
                    {
                            max=a[j];
                    }
            }
            System.out.println("最大值是:"+max);
}
```

任务三:请编写函数(或方法)fun,其功能是:计算正整数 n 的各位上的数字之积,将结果放到 c 中。

例如,n=256,则 c=2×5×6=60;n=50,则 c=5×0=0;

其中,n 为函数(或方法)fun 的输入参数,c 为函数(或方法)fun 的返回值。

程序:

```
public static void fun17_3(int n,int r) {
    if(r-r/2+r<=10&&n<10)
    {
        r=r-r/2+r;
        n++;
        fun17_3(n,r);
    }
    else
    {
        System.out.println(r);
    }
}
```

【试题 18】

任务一:有 1,2,3,4 个数字,能组成多少个互不相同且无重复数字的 3 位数?要求输出所有可能的 3 位数。

要求:使用循环结构语句实现。

程序:

```
public static void fun18_1() {
    int i,j,k;
    for(i=1;i<5;i++)
    {
```

```
                for(j=1;j<5;j++)
                {
                    for (k=1;k<5;k++)
                    {
                        if (i!=k&&i!=j&&j!=k)/* 确保 i,j,k 三位互不相同 */
                        System.out.println(""+i+j+k);
                    }
                }
```

任务二:编写程序实现:①定义一个大小为 10 的整形数组 a;②从键盘输入 10 个整数,放置到数组 a 中;③将数组 a 中的元素从小到大排序;④输出排序后数组 a 的所有元素值。

要求:使用数组、循环结构语句实现。

程序:

```
public static void fun18_2() {
    int i,j,t;
    int[] a = new int[10];
    Scanner scanner = new Scanner(System.in);
    System.out.println("请输入 10 个整数:");
    for(i=0;i<10;i++)
    {
        a[i] = scanner.nextInt();
    }

    /* 冒泡法排序 */
    for(i=0;i<9;i++)
    {
        for(j=0;j<10-i-1;j++)
        {
            if(a[j]>a[j+1])
            {
                t=a[j];/* 交换 a[i]和 a[j] */
                a[j]=a[j+1];
                a[j+1]=t;
            }
        }
    }
    System.out.print("排序后的数列是:\n");
    for(i=0;i<10;i++)
        System.out.print(a[i]+" ");
}
```

任务三:编写函数(或方法)实现:根据指定的 n,返回相应的斐波纳契数列。

说明:斐波纳契数列为:0,1,1,2,3,5,8,13,21…

即从 0 和 1 开始,其后的任何一个斐波纳契数都是它前面两个数之和。例如 n=6,则返回数列 0,1,1,2,3,5

要求:使用函数(或方法)实现,原型为 int[] getFibonacciSeries(int n)

程序:

```java
public static int[] fun18_3(int N) {
    int[] s = new int[N];
    s[0] = 0;
    s[1] = 1;
    for (int i = 2; i < N; i++) {
        s[i] = s[i-1] + s[i-2];
    }
    return s;
}
```

【试题 19】

任务一:编写程序实现:商店卖西瓜,20 斤以上的每斤 0.85 元;重于 15 斤轻于等于 20 斤的,每斤 0.90 元;重于 10 斤轻于等于 15 斤的,每斤 0.95 元;重于 5 斤轻于等于 10 斤的,每斤 1.00 元;轻于或等于 5 斤的,每斤 1.05 元。输入西瓜的重量和顾客所付钱数,输出应付货款和应找钱数。

要求:使用分支结构语句实现。

程序:

```java
public static void fun19_1() {
    double weight,money,pay;
    Scanner scanner = new Scanner(System.in);
    System.out.print("请输入西瓜重量:\n");
    weight = scanner.nextDouble();
    System.out.print("请输入顾客所付钱数:\n");
    money = scanner.nextDouble();

    if(weight<=5&&weight>=0)
    {
        pay = weight * 1.05;
    }
    else if(weight<=10)
    {
        pay = weight * 1;
    }
    else if(weight<=15)
    {
```

```java
            pay = weight * 0.95;
        }
        else if(weight<=20)
        {
            pay = weight * 0.9;
        }
        else
        {
            pay = weight * 0.85;
        }
        System.out.println("应付货款为:"+pay);
        System.out.println("应找钱数为:"+(money-pay));
    }
```

任务二:学校有近千名学生,在操场上排队,5人一行余2人,7人一行余3人,3人一行余1人,编写一个程序求该校的学生人数。

要求:使用分支、循环结构语句实现,直接输出结果不计分。

程序:

```java
public static void fun19_2() {
    int num=0;
    for(int i=900;i<1100;i++)
    {
        if(i%5==2&&i%7==3&&i%3==1)
        {
            num=i;
            break;
        }
    }
    System.out.println("学校人数为:"+num);
}
```

任务三:已知 xyz+yzz=532,其中 x,y,z 均为一位数,编写一个程序求出 x,y,z 分别代表什么数字。

要求:使用分支、循环结构语句实现,直接输出结果不计分。

程序:

```java
public static void fun19_3() {
    for(int x=1;x<=9;x++)
    {
        for(int y=1;y<=9;y++)
        {
            for(int z=0;z<=9;z++)
            {
                int num1 = 100*x+10*y+z;
                int num2 = 100*y+10*z+z;
```

```
                    if(num1+num2==532)
                    {
System.out.println("x="+x+",y="+y+",z="+z);
                    }
                }
            }
        }
    }
```

【试题 20】

任务一:编写函数(或方法)实现:数组 A 是函数(或方法)的输入参数,将数组 A 中的数据元素序列逆置后存储到数组 B 中,然后将数组 B 做为函数(或方法)的返回值返回。所谓逆置是把$(a_0,a_1,\cdots,a_{n-1})$变为$(a_{n-1},\cdots,a_1,a_0)$。

要求:使用函数(或方法)实现,原型为 int[] niZi(int[] A)

程序:
```
 int[] NiZi(int a[])
 {
    int n = a.length;
    int b[] = new int[n];
    for(int i=0;i<n;i++)
    {
       b[i] = a[n-i-1];
    }
    return b;
 }
```

任务二:编写一个程序求出 200~300 之间的数,且满足条件:它们 3 个数字之积为 42,3 个数字之和为 12。

要求:使用分支、循环结构语句实现,直接输出结果不计分。

程序:
```
public static void fun20_2() {
        int x=2;
        for(int y=0;y<=9;y++)
        {
            for(int z=0;z<=9;z++)
            {
               int num1 = x * y * z;
               int num2 = x+y+z;
               if(num1==42&&num2==12)
               {
                  System.out.println("这个数字可以是:"+x+y+z);
               }
            }
        }
```

}
}

任务三：小明今年 12 岁，他母亲比他大 20 岁。编写一个程序计算出他母亲的年龄在几年后是他年龄的 2 倍，那时他们两人的年龄各多少？

要求：使用分支、循环结构语句实现，直接输出结果不计分。

程序：

```java
public static void fun20_3() {
    int x1=12,x2=32;
    int i=1;
    while(true)
    {
        if((x1+i)*2==(x2+i))
            break;
        i++;
    }
    System.out.println(i+"年后,小明母亲的年龄是他的2倍.");
    System.out.println("小明的年龄是"+(x1+i)+",小明母亲的年龄是"+(x2+i));
}
```

【试题 21】

任务一：编写程序计算购买图书的总价格：用户输入图书的定价和购买图书的数量，并分别保存到一个 float 和一个 int 类型的变量中，然后根据用户输入的定价和购买的数量，计算合计购书金额并输出。其中，图书销售策略为：正常情况下按 9 折出售，购书数量超过 10 本打 85 折，超过 100 本打 8 折。

要求：使用分支结构实现上述程序功能。

程序：

```java
public static void fun21_1() {
    float price = 0.0f,totalprice = 0.0f;
    int num = 0;
    Scanner scanner = new Scanner(System.in);
    System.out.println("请输入书的定价:");
    price = scanner.nextFloat();
    System.out.println("请输入要购买书的数量:");
    num = scanner.nextInt();
    if (num > 0)
    {
        int i = num / 10;
        switch (i)
        {
            case 0:
                totalprice = num * price * 0.9f;
                break;
```

```
                case 1:
                    totalprice = num * price * 0.85f;
                    break;
                default:
                    totalprice = num * price * 0.8f;
                    break;
            }
            System.out.println("你所购买的书的总价格为:￥" + totalprice + "元");
        }
        else
        {
          System.out.println("你输入的数不正确。");
        }
    }
```

任务二:所谓回文数是从左至右与从右至左读起来都是一样的数字,如:121 是一个回文数。编写程序,求出 100~200 的范围内所有回文数的和。

要求:使用循环结构语句实现,直接输出结果不计分。

程序:

```
public static void fun21_2() {
        int num = 0;
        int totolsum=0;
        for (int i = 101; i < 200; i++)
        {
            if (i / 100 == i % 10)
                totolsum += i;
        }
        System.out.println("100 到 200 内所有回文数的和为:" + totolsum);
    }
```

任务三:分析下列数据的规律,编写程序完成如下所示的输出。

1
1　1
1　2　1
1　3　3　1
1　4　6　4　1
1　5　10　10　5　1

要求:使用递归函数(或方法)实现,递归函数(或方法)有两个输入参数,返回值类型为整型。

程序:

```
public static void fun21_3_main() {
        int i,j;
        for (i = 0; i < 6; i++)
```

```
            {
                for (j = 0; j <= i; j++)
                    System.out.print(fun21_3(i, j)+" ");
                System.out.println();
            }
    }
    public static int fun21_3(int m, int n) {
        if (m == 0) return 1;
        if (n == 0 || n == m) return 1;
        return  fun21_3(m-1,n-1)+fun21_3(m-1, n);
    }
```

【试题 22】

任务一:根据如下要求计算机票优惠率,并输出。

输入:用户依次输入月份和需要订购机票的数量,分别保存到整数变量 month 和 sum 中。

计算规则如下:

航空公司规定在旅游的旺季 7～9 月份,如果订票数超过 20 张,票价优惠 15%,20 张以下,优惠 5%;在旅游的淡季 1～5 月份、10 月份、11 月份,如果订票数超过 20 张,票价优惠 30%,20 张以下,优惠 20%;其他情况一律优惠 10%。

输出:根据输入月份和需要订购机票的数量,输出优惠率。

要求:使用分支结构实现上述程序功能。

程序:

```
public static void fun22_1() {
    int month, sum;
    float rate;
    Scanner scanner = new Scanner(System.in);
    System.out.println("请输入购买机票的月份:");
    month = scanner.nextInt();
    System.out.println("请输入购买机票的数量:");
    sum = scanner.nextInt();
    switch (month)
    {
        case 1:
        case 2:
        case 3:
        case 4:
        case 5:
        case 10:
        case 11:
            if (sum > 20)
                rate = 0.3f;
            else
```

```
                    rate = 0.2f;
                break;
            case 7:
            case 8:
            case 9:
                if (sum > 20)
                    rate = 0.15f;
                else
                    rate = 0.05f;
                break;
            default:
                rate = 0.1f;
                break;
        }
        System.out.println("本次机票优惠率为:" + rate);
}
```

任务二:计算 π 的近似值。

计算公式如下: $\pi = 4 \times \left(1 - \dfrac{1}{3} + \dfrac{1}{5} - \dfrac{1}{7} + \cdots\right)$

要求:使用循环结构语句实现,直接输出结果不计分。

程序:
```
public static void fun22_2() {
    int i = 1;
    double e = 0.0, t = 1.0;
    double pi = 0.0;
    while (1 / t >= Math.pow(10, -6))
    {
        t = 2 * i - 1;
        if (i % 2 != 0)
            e += 1 / t;
        else
            e -= 1 / t;
        i++;
    }
    pi = 4 * e;
    System.out.println("PI 的近视值为:" + pi);
}
```

任务三:验证 18 位身份证号码并判断身份证主人的性别,身份证号码的规则为:

(1)前 17 位全部由数字组成,最后一位为数字或者字符'X',一个字符 ch 为数字的条件为:ch>='0' && ch<='9';

(2)第 17 位数为奇数表示性别为男,偶数表示性别为女。

输入:从键盘输入一个 18 位的身份证号码保存到字符数组 Card 中。

输出:主人性别。

程序:

```java
public static void fun22_3() {
    int i=0;
    Scannerscanner = new Scanner(System.in);
    char ch;
    System.out.println("请输入18位身份证号码:");
    char[] Card=scanner.next().toCharArray();
    if (Card.length ! = 18)
        System.out.println("号码格式不正确");
    else
        for (; i < Card.length - 1; i++)
        {
            ch = Card[i];
            if (ch <= '9' && ch >= '0' && (Card[Card.length - 1] == 'X' || Card[Card.length - 1] <= '9' || Card[Card.length - 1] >= '0'))
            {
                continue;
            }
            else
            {
                System.out.println("号码格式不正确");
                break;
            }
        }
    if (i == 17)
    {
        if (Card[i - 1] % 2 == 0)
            System.out.println("性别为女");
        else
            System.out.println("性别为男");
        System.out.println();
    }
}
```

【试题 23】

任务一:编写程序实现:输入一个整数,判断它能否被 3,5,7 整除,并输出以下信息之一:

- 能同时被 3,5,7 整除
- 能同时被 3,5 整除
- 能同时被 3,7 整除
- 能同时被 5,7 整除
- 只能被 3,5,7 中的一个整除

- 不能被 3,5,7 任一个整除

要求：使用分支结构语句实现。

程序：
```java
public static void fun23_1() {
    int x;
    Scanner scanner = new Scanner(System.in);
    System.out.println("请输入一个整数：");
    x = scanner.nextInt();
    if((x%3==0)&&(x%5==0)&&(x%7==0))
    {
        System.out.println("能同时被 3,5,7 整除");
    }
    else if((x%3==0)&&(x%5==0))
    {
        System.out.println("能同时被 3,5 整除");
    }
    else if((x%3==0)&&(x%7==0))
    {
        System.out.println("能同时被 3,7 整除");
    }
    else if((x%5==0)&&(x%7==0))
    {
        System.out.println("能同时被 5,7 整除");
    }
    else if((x%3==0)||(x%5==0)||(x%7==0))
    {
        System.out.println("只能被 3,5,7 中的一个整除");
    }
    else
    {
        System.out.println("不能被 3,5,7 任一个整除");
    }
}
```

任务二：使用冒泡排序法对数组中的整数按升序进行排序，如：

原始数组：a[]={1,9,3,7,4,2,5,0,6,8}

排序后：a[]={0,1,2,3,4,5,6,7,8,9}

要求：综合使用分支、循环结构语句实现，直接输出结果不计分。

程序：
```java
public static void fun23_2() {
    int[] a = { 1,9,3,7,4,2,5,0,6,8};
    for (int i = 0; i < 10; i++)
    {
```

```
            for (int j = 0; j < 10-i-1; j++)
            {
                if (a[j] > a[j+1])
                {
                    int temp = a[j];
                    a[j] = a[j+1];
                    a[j+1] = temp;
                }
            }
        }


        for (int i = 0; i < 10; i++)
            System.out.print(a[i] + ",");
}
```

任务三：编程实现以下要求。n 个人围坐成一个圆圈报数。第一个人报数 1，第 2 个人报数 2，依次类推，报数为 m 的人出列；接下来的人重新报数，出列人旁的下一个人报数 1，第 2 个人报数 2，依次类推，报数为 m 的人出列；直到圈中只剩下一个人，该人出列。例如：共有 5 个人，数到 3 出列，则出列顺序为：原先 3 号位置的人、原先 1 号位置的人、原先 5 号位置的人、原先 2 号位置的人、原先 4 号位置的人。

要求：用带有两个输入参数（一个总人数 n，一个为计数 m）的函数（或方法）实现，返回值类型为数组。

程序：

```
public static void fun23_3(int m, int n) {
    int[] a = new int[m];
    for (int i = 0; i < m; i++)
        a[i] = i+1;

    int outer=m;
    int sum = 0;
    while (outer>0)
        for (int i=0;i<m;i++)
        {
            sum++;
            if (sum == n)
            {
                System.out.print(a[i] + ",");
                a[i] = 0;
                outer--;
                sum = 0;
            }
        }
}
```

}

【试题 24】

任务一:输入一个年度,判断是否是闰年。例如,2000 是闰年,1900 不是闰年,1904 是闰年。

要求:使用分支结构语句实现。

提示:闰年的满足条件:①能整除 4 且不能整除 100;②能整除 400。

程序:
```java
public static void fun24_1() {
    int year = 0;
    Scanner scanner = new Scanner(System.in);
    System.out.print("请输入年度:");
    year = scanner.nextInt();

    if (year % 4 == 0)
    {
        if (year % 100 == 0 && year % 400 != 0)
            System.out.println("不是闰年");
        else

            System.out.println("闰年");
    }
    else {
        System.out.println("不是闰年");

    }
}
```

任务二:输出杨辉三角形,如下:

```
        *
       * * *
      * * * * *
     * * * * * * *
    * * * * * * * * *
   * * * * * * * * * * *
  * * * * * * * * * * * * *
```

要求:使用循环结构语句实现,直接输出结果不计分。

程序:
```java
public static void fun24_2() {
    int count = 15;
    for (int i = 0; i < count; i++)
    {
```

```java
        int j = 0;
        for (j=0;j<(count-(i+1));j++)
            System.out.print(" ");
        for (j = 0; j < (2 * i + 1); j++)
            System.out.print(" * ");
        for (j = 0; j < (count - ( i + 1)); j++)
            System.out.print(" ");

        System.out.println();
    }
}
```

任务三:编程实现判断一个字符串是否是"回文串"。所谓"回文串"是指一个字符串的第一位与最后一位相同,第二位与倒数第二位相同。例如:"159951","19891"是回文串,而"2011"不是。

要求:用带有一个输入参数的函数(或方法)实现,返回值类型为布尔类型。

程序:

```java
public static boolean fun24_3(String text) {
    char[] chars = text.toCharArray();
    int count = chars.length /2;
    int length=chars.length;

    for (int i = 0; i < count; i++)
    {
        if (chars[i] ! = chars[length - i-1])
            return false;
    }
    return true;
}
```